N·A·I·L BASIC

네일 베이직

구민사

저자 약력

고정민

- 건국대학교 이학박사
- 신구대학교 뷰티케어과 겸임교수

송진의

- 건국대학교 향장학석사
- 신구대학교 뷰티케어과 외래교수

전소현

- 건국대학교 이학박사
- 신구대학교 뷰티케어과 전임교수

네일 베이직

초판인쇄 | 2022년 10월 5일
초판발행 | 2022년 10월 17일

저　　자 | 고정민 · 송진의 · 전소현
발 행 인 | 조규백
발 행 처 | 도서출판 구민사
(07293) 서울시 영등포구 문래북로 116, 604호(문래동 3가 46, 트리플렉스)
전　　화 | (02) 701-7421~2
팩　　스 | (02) 3273-9642
홈페이지 | www.kuhminsa.co.kr
신고번호 | 제 2012-000055호(1980년 2월 4일)
I S B N | 979-11-6875-122-4 (93590)
정　　가 | 26,000원

머리말

경제 성장과 미용 산업의 발달에 따라 건강과 아름다움의 욕구가 증가되고 있으며, 더불어 미를 창조하고 관리하는 네일 서비스의 확대로 네일 미용사의 역할이 나날이 중요해지고 있습니다. 네일 미용사의 기술과 관리의 중요성이 삶의 풍요로움에 따라 사회적인 인식이 높게 변화되어 네일 미용업은 부가가치가 있는 유망 업종으로 각광받고 있습니다. 이러한 네일 미용 산업의 발전은 네일 전문가의 성장을 가져왔으며, 현대인들에게는 연령층과 성별에 관계없이 청결하고 아름다운 손이 생활의 필수적인 요소로 자리 잡아 가고 있습니다.

그러므로 네일 미용의 기본적인 관리를 올바르고 정확한 방법으로 교육받고 적용할 수 있어야 합니다. 이에 본 교재는 네일 미용을 배우고자 하는 예비 네일 미용인들에게 네일 미용사 국가자격시험에 필요한 기본적인 이론과 실기 테크닉을 체계적으로 정리해 놓았습니다.

본 교재를 마무리하면서 최대한 자세하고 정확한 설명을 하고자 노력하였지만, 부족함을 느끼고 더 많은 내용을 담지 못한 아쉬운 점들이 있습니다. 이러한 부분은 계속 수정·보완해 나갈 것을 약속드리며, 예비 네일 미용인들의 기술 향상에 유용하게 활용되기를 진심으로 바랍니다.

본 교재의 출판을 위해 도움을 주신 도서출판 구민사 조규백 대표님과 편집부 여러분들께 깊은 감사를 드립니다.

마지막으로 네일 미용의 입문을 축하드리며 여성들의 손끝에 있는 생명을 숨 쉬게 하는 진정한 네일 미용인으로 성장하기를 기원합니다.

저자 일동

CONTENTS

5 네일 베이직 테크닉 090

부록

참고 문헌 229

Chapter 1

네일 미용학

N · A · I · L B · A · S · I · C

Nail Cosmetology

1. 네일 미용의 개념

1) 네일nail

네일은 손톱과 발톱을 지칭하는 말로, 의학적 용어로 '오닉스(Onyx)'라고 하며 사전적으로 '못으로 박다', '고정시키다'의 의미로 쓰인다.

- 네일nail : 손톱(핑거네일, fingernail)과 발톱(토네일, toenail)을 총칭하는 단어
- 자연 네일natural nail : 네일 표면에 아무것도 도포되지 않은 내추럴한 상태의 손톱과 발톱
- 인조 네일artificial nail : 네일 표면에 다양한 네일 재료를 사용하여 인위적으로 만든 손톱과 발톱

2) 매니큐어manicure

매니큐어(manicure)란 손톱과 손을 아름답게 가꾸는 기술로 손을 의미하는 라틴어의 마누스(manus)와 관리를 의미하는 라틴어의 큐라(cura)에서 유래되었으며, 손톱의 모양정리, 큐티클 정리, 마사지, 컬러링(coloring) 등의 총괄적인 손 관리(hand care)를 의미한다.

3) 패디큐어pedicure

패디큐어(pedicure)란 발톱과 발을 아름답게 가꾸는 기술로 발을 의미하는 라틴어의 페디스(pedis)와 관리를 의미하는 라틴어의 큐라(cura)에서 유래되었으며, 발톱의 모양정리, 큐티클 정리, 마사지, 컬러링(coloring) 등의 총괄적인 발 관리(foot care)를 의미한다.

네일 미용은 건강하고 아름다운 네일을 유지, 보호하기 위해 네일 미용기기와 제품을 활용하여 자연 네일 관리, 인조 네일 관리, 네일아트 등의 서비스를 수행하는 일이다. 경제 성장과 미용산업의 발달에 따라 건강과 아름다움의 욕구가 증가하고 있으며, 더불어 미를 창조하고 관리하는 네일 서비스의 확대로 네일 미용사의 역할이 나날이 중요해지고 있다. 네일 미용사의 관리와 기술의 중요성이 삶의 풍요로움에 따라 사회적인 인식이 높게 변화되어 네일 산업의 발달은 더욱 가속화되고 있다.

2. 네일 미용의 역사

1) 외국의 네일 미용

(1) 고대

- 최초의 네일 미용은 BC 3000년경 고대 이집트에서 시작된 것으로 전해진다.
- 고대 이집트 파라오의 무덤에서 금속으로 만들어진 오렌지 우드스틱과 손톱을 황금색으로 칠한 미라가 발견되었다.
- 손톱의 색상을 사회적 지위를 나타내는 중요한 기준의 하나로 여겨 왕족과 신분이 높은 계층은 짙은 색으로, 신분이 낮은 계층은 옅은 색으로 물들이게 하여 신분을 구분하였다.
- 귀신을 쫓고자 하는 주술적인 의미로 관목에서 나오는 헤나(henna)의 붉은 오렌지색으로 손톱을 염색해 사용하였다.
- 클레오파트라는 손톱과 손가락 끝, 손바닥까지 짙은 색상으로 물들여 아름다움과 종교적인 목적을 표현하기도 하였다.
- 특권층의 신분을 드러내기 위해 입술연지를 만드는 홍화를 손톱에도 발라 물들였으며 이를 '조홍'이라 하였다.
- 중국에서는 벌꿀, 계란흰자, 고무나무 수액 등을 혼합하여 다양한 색상의 용액을 만들어 손톱에 발랐으며, 이것이 오늘날의 네일 폴리시(nail polish)의 기원이라고 할 수 있다.
- 중국의 귀족들은 금색과 은색, 검은색과 빨간색을 손톱에 발라 화려한 미적 감각으로 신분을 과시하였다.
- 중국의 상류층은 부의 상징으로서 손톱을 5인치 정도로 길게 기르고 다녔으며, 손톱의 손상을 막기 위해 보석이나 대나무를 이용해 손톱을 보호하였다.

(2) 중세

- 수많은 전쟁이 치러졌던 중세시대에는 남자들의 네일 미용이 시작되었다. 전쟁에 나가는 군 지휘관들이 염료를 사용하여 입술과 손톱에 같은 색을 칠하여 용맹을 과시하고 승리를 기원하였다.
- 인도의 상류층 여성들은 네일 매트릭스(nail matrix)에 문신바늘로 색소를 주입하여 신분을 과시하였다.
- 프랑스의 베르사유 궁전에서는 노크하는 것을 예의에 어긋나는 행동으로 여겨 문을 두드리는 대신 한쪽 손의 손톱을 길게 길러 조심스럽게 긁도록 하여 방문을 알렸다.
- 영국의 상류층 여성들은 손톱에 장밋빛 손톱 파우더를 사용하였다.

(3) 근대

1800년대

- 1800년 : 네일 미용이 특정 계층만이 아닌 일반인들에게 점차 대중화되기 시작하였다. 손톱 끝이 뾰족한 아몬드형 네일 모양이 유행하였다. 기름을 바른 후 샤미스(chamois : 염소나 양의 부드러운 가죽)를 이용하여 손톱에 광택을 내었다.
- 1830년 : 유럽의 발 전문의사인 시트(Sitts)가 치과에서 사용되던 기구와 도구에서 착안한 오렌지 우드스틱(orange wood stick)을 네일 관리에 사용하기 시작하였다.
- 1885년 : 네일 폴리시의 필름 형성제인 니트로셀룰로오스(nitrocellulose)가 개발되었다.
- 1892년 : 발 전문의사 시트(Sitts)의 조카에 의해 네일 관리가 여성들의 새로운 직업으로 미국에 도입되었다.

1900~1950년대

- 1900년 : 금속 가위와 금속 파일(file)이 제작되어 도구를 이용한 네일 관리가 시작되었으며, 크림이나 가루로 네일에 광을 주거나 낙타 털을 이용한 붓으로 네일 폴리시를 바르기 시작했다. 유럽에서 네일 관리가 본격적으로 시작되었다.
- 1910년 : 미국의 매니큐어 제조회사 플라워리(Flowery)가 설립되어 금속 파일, 사포로 된 파일이 제작되었다.
- 1917년 : 보그(vogue) 잡지에 닥터 코로니(Dr. Korony)가 네일 홈 케어방법을 소개하였다.

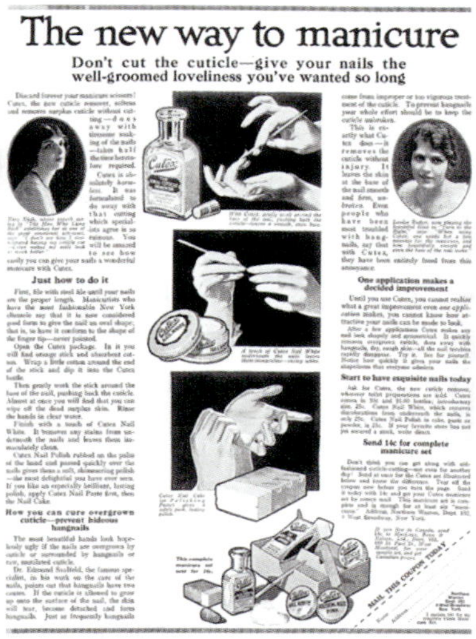

- 1925년 : 네일 폴리시 산업이 본격화되면서 투명한 색상의 네일 폴리시를 일반 상점에서 구입할 수 있게 되었다.
- 1927년 : 프렌치 매니큐어(french manicure)에 사용되는 화이트 네일 폴리시와 큐티클 크림, 큐티클 리무버가 제조되었다.
- 1930년 : 제나(Gena) 연구팀에 의해 네일 폴리시 리무버, 워머 로션(warmer lotion), 큐티클 오일(cuticle oil)이 최초로 등장하였다.
- 1932년 : 다양한 색상의 네일 폴리시가 제조되었고 레브론(Revlon) 사에서 최초로 립스틱과 잘 어울리는 색상의 네일 폴리시를 출시하였다.
- 1935년 : 인조 손톱(네일 팁)이 개발되었다.
- 1940년 : 여배우 리타 헤이워드(Rita Hayeorth)가 긴 손톱에 레드 폴리시로 풀코트(full coat)를 유행시켰다.

  남성들도 이발소에서 습식 매니큐어 관리를 받기 시작했다.
- 1948년 : 미국의 노린 레호(Noreen Reho)에 의해 매니큐어 관리에 도구와 기구를 사용하게 되었다.

(4) 현대

1950~1960년대

- 1956년 : 헬렌 걸리(Helen Gouley)가 최초로 미용학교에서 네일 미용을 가르치기 시작했다.
- 1957년 : 패디큐어(pedicure)가 등장하였다. 네일 팁(nail tip)의 사용이 현저히 늘었으며 패티네일(pattinail)이라고 불렸던 포일(foil)을 사용하여 시술한 아크릴릭 네일(acrylic nail)이 최초로 행해졌다.
- 1960년 : 실크(silk)와 린넨(linen)을 이용하여 약하고 부러지기 쉬운 네일을 보강하기 시작하였다.

1970~1990년대

- 1973년 : 미국의 네일 제조회사 IBD가 네일 접착제와 접착식 인조 네일을 최초로 개발하였다.
- 1975년 : 미국 식약청(FDA : Food and Drug Administration)에 의해 인체에 유해하다고 판명된 메틸 메타크릴레이트(Methyl Methacrylate/MMA)의 아크릴 화학제품이 사용 금지되었다.
- 1982년 : 미국의 네일리스트 타미 테일러(Tammy Taylor)가 파우더, 프라이머, 리퀴드 등의 아크릴 제품을 개발하였다.
- 1994년 : 독일에서 라이트 큐어드 젤 시스템(light cured gel system)이 등장하였고, 뉴욕주에서는 네일 테크니션 면허제도를 도입하였다.

2000년대

- 경제 성장과 네일 미용 산업의 발전으로 네일 미용 전문가의 성장을 가져 왔으며, 연령과 성별에 관계없이 청결하고 아름다운 네일이 현대인들에게 생활의 필수적인 요소로 정착되었다.
- 핸드 페인팅, 에어 브러쉬, 젤 아트, 디자인 스컬프처, 2D, 3D 등의 다양한 네일 아트 기법이 등장하였으며, 전문적인 네일 기술인 핸드 드릴이 개발되었다.
- 트랜드에 따른 새로운 아이템 기법과 다양한 네일 제품이 개발되고 있다.

2) 한국의 네일 미용

고려시대에 부녀자와 처녀들 사이에서 염지갑화(染指甲化)라고 하는 봉선화를 손톱에 물들이는 풍습이 이루어진 시기로, 이것이 한국 네일 미용의 기원이다. 또한 이 풍습은 봉선화의 붉은색이 귀신이나 질병을 막는다는 주술적인 의미로 현재까지 지속되고 있다.

1900년대

- 1988년 : 미국의 그리피스 조이너스 육상선수가 인조팁을 시술하고 서울올림픽에 참가하여 방송에 나오면서 네일 관리에 대한 관심이 높아졌다.
- 1992년 : 국내 최초의 네일숍 '그리피스'가 이태원에 개업하였다.
- 1996년 : 백화점과 압구정동 로데오 거리에 네일숍들이 등장하면서 본격적인 네일 산업이 시작되었다.
- 1997년 : 한국네일협회가 창립되었고 대중매체 속 인기스타들이 네일 미용을 하면서 대중화가 시작되었다.
- 1998년 : 민간 자격시험 제도가 도입 시행(4월 19일)되었으며 네일 전문학원, 미용학교, 대학에서 체계적인 네일 교육이 시작되었다.

2000년대

미용전문기관에서 배출된 네일 미용사들의 전문적인 기술과 다양한 네일 제품의 전문화가 이루어지면서 네일 미용 산업이 급성장하였고 네일 미용의 전성기를 맞게 되었다.

- 2000년 : 미용전문기관에서 네일 미용사가 배출되기 시작하였다.
- 2006년 : 네일 미용 산업이 급성장하였고 네일 미용의 전성기를 맞게 되었다.
- 2014년 : 미용사(네일) 국가 자격증 제도가 시작되었고, 11월 16일에 제 1회 네일 미용 기능사 필기시험이 시행되었다.
- 2015년 : 3월 14일~ 3월 27일에 제 1회 네일 미용 기능사 실기시험이 시행되었다.

Chapter 2

위생 관리학

N · A · I · L B · A · S · I · C

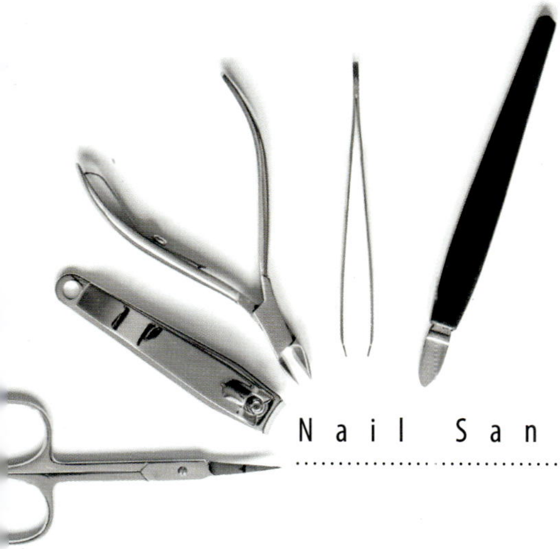

Nail Sanitation Management

1. 소독

1) 소독의 개념

소독(disinfection)은 감염을 일으킬 수 있는 병원성 미생물의 생활력을 파괴하여 완전히 죽이거나 제거하여 감염력을 없애는 것이다.

2) 소독의 분류

효과	분류	정 의
크다	멸균	병원성 또는 비병원성 미생물 및 포자(아포)를 포함한 모든 균들을 전부 사멸시킨 무균상태
	살균	생활력을 가지고 있는 미생물을 물리적·화학적 처리로 급속히 사멸시키는 방법
	소독	감염의 위험이 있는 병원성 미생물을 파괴하고 제거시키는 방법 세균의 포자까지는 완전히 파괴하지 못하는 방법
작다	방부	병원성 미생물의 증식과 성장을 억제하여 음식물의 부패나 발효를 방지하는 방법

3) 소독 방법

소독법에는 열이나 수분, 자외선, 여과 등의 물리적인 방법을 이용하는 물리적 소독법과 소독력이 있는 약재를 사용하여 화학적인 방법을 이용하는 화학적 소독법이 있다.

(1) 물리적 소독법

① 건열 소독

강한 열과 불을 이용하여 미생물을 살균하는 소독 방법이다.

처리법	내 용
건열 멸균법	• 건열멸균기(dry oven)에서 고온으로 멸균 • 160~170℃에서 1~2시간 동안 멸균하는 방법 • 유리기구, 금속기구, 주사기, 도자기, 분말, 바세린, 글리세린 등의 소독에 사용
화염 멸균법	• 물체 표면의 미생물을 불꽃에 직접 접촉시켜 태워 멸균하는 방법 • 170℃에서 20초 이상 화염에서 가열 • 유리기구, 금속기구, 주사기, 도자기 등의 소독에 사용 • 알코올 램프, 천연가스 램프의 화염 사용
소각 소독법	• 불에 태워 없애는 가장 쉽고도 안전한 방법 • 오염된 휴지, 쓰레기, 의류 등 전염의 우려가 있는 물건에 사용

② 습열 소독(열탕소독)

열 전도가 빠른 끓는 물이나 증기를 이용해 미생물을 멸균하는 소독 방법이다.

처리법	내용
자비 소독법	• 100℃의 끓는 물속에 20~30분간 가열하는 방법 • 물에 탄산나트륨 1~2%를 넣으면 살균력이 강해지고 금속성 기자재의 손상을 방지할 수 있다. • 유리기구, 금속기구, 도자기, 의류, 수건 등의 소독에 적합하다.

처리법	내용
간헐 멸균법	· 100℃의 유통증기 속에서 30~60분간 멸균시킨 다음 20℃ 이상의 실온에서 24시간 방치하는 방법을 3회 간헐적으로 가열하는 방법 · 아포를 형성하는 미생물 멸균 시 사용된다. · 금속기구, 도자기 등의 소독에 적합하다.
고압증기 멸균법	· 고압증기 멸균기를 이용하여 소독하는 방법 · 병원과 실험실에서 많이 사용되는 멸균법이다. · 100℃ 이상 고온의 수증기를 고압상태에서 15~20분간 가열한다. · 소독 방법 중에서 포자(아포)까지 완전히 사멸되어 멸균되는 가장 빠르고 효과적인 소독 방법이다. · 주사기, 수술기구, 거즈, 의류, 약액 등의 소독에 적합하다.
증기 멸균법	· 물이 끓을 때 생기는 수증기를 이용하여 병원균을 멸균시키는 방법 · 100℃에서 30분간 가열한다. · 도자기, 의류 등의 소독에 적합하다.
저온 살균법	· 프랑스의 세균학자인 파스퇴르(Pasteur Louis)가 발명한 방법 · 62~63℃에서 30분간 처리한다. · 소독할 대상은 음식물에 더욱 효과적이다.
여과 멸균법	· 열이나 화학제품을 사용하지 않고 여과기를 이용하여 세균을 제거하는 방법. · 약품, 혈청, 백신 등 열에 불안정한 액체의 소독에 적합하다.

③ 자외선 소독

- 태양광선 중 가장 살균력이 강하며 파장은 260~280nm 정도이다.
- 피부의 색소 침착과 비타민 D 합성, 피부암 유발, 구루병을 방지한다.
- 소독할 물품을 자외선에 직접 노출시켜야 한다.
- 철제도구, 의류 등의 소독에 적합하다.

(2) 화학적 소독법

미생물에 대하여 살균력을 갖고 있는 화학적 약품을 이용하여 미생물을 죽이는 방법이다. 사용법이 간단하고 살균력이 강하며 안전하여 네일숍에서 주로 사용하는 방법으로 무취여야 한다.

처리법	내용
석탄산 (Phenol, 페놀)	• 사용 농도 : 1~3%, 손 소독 시 2% • 살균력의 지표 : 석탄산의 계수가 높을수록 살균력이 강함 • 독성이 강하여 인체에는 사용하지 않음 • 금속 부식성이 있음 • 용도 : 의류, 기구, 방역용 소독 등의 소독에 적합 $\text{석탄산 계수} = \dfrac{\text{소독약의 희석배수}}{\text{석탄산의 희석배수}}$
크레졸 (Cresol)	• 사용 농도 : 1~3%, 손 소독 시 : 1~2% • 석탄산보다 2배 강한 소독력을 가짐 • 냄새가 강하며 물에 잘 녹지 않음 • 용도 : 손, 침구, 가구, 오물, 배설물 등의 소독에 적합

처리법	내용
승홍수	• 사용 농도 : 0.1% • 금속 부식성이 있음 • 무색, 무취이며 독성이 강함 • 손 및 피부 소독에 적합
에탄올 (Ethanol)	• 사용 농도 : 70% • 독성이 적고 사용법이 간단하여 가장 많이 사용 • 피부, 철제도구, 유리제품 등의 소독에 적합
역성비누	• 사용 농도 : 0.01~0.1% • 무자극, 무독성 • 살균력은 강하나 세정력은 거의 없음 • 손, 식기, 기구 등의 소독에 적합
포르말린 (Formalin)	• 사용 농도 : 1~1.5% • 포름알데히드를 약 37% 함유한 수용액 • 소독약, 방부제로 사용하며 피부 자극성과 냄새가 있음 • 기구, 실내, 금속, 고무, 플라스틱 등의 소독에 적합
과산화수소 (Hydrogen Peroxide)	• 사용 농도 : 3% • 살균 및 표백에 효과적 • 피부상처, 구강세척 등의 소독에 적합
생석회 (Calcium Oxide, 칼슘 옥사이드)	• 산화칼슘을 98% 이상 함유한 백색의 분말 • 가격이 저렴하고 넓은 장소에 쓰임 • 화장실, 하수도, 쓰레기통, 분변 등의 소독에 적합

2. 미생물

1) 미생물의 정의

눈에 보이지 않는 0.1mm 이하의 아주 작고 미세한 생물체의 총칭이다.

2) 병원성 미생물의 분류

(1) 세균(Bacteria)

단세포 미생물로 인간에게 기생하며 질병을 유발, 생물체 및 자연환경의 모든 곳에 존재하며 증식속도가 빠르다.

① 구균 : 둥근 형태의 세균

종류	특징
포도상구균	• 다발 모양의 구균 • 피부 등의 화농성 질환의 원인균 • 식중독의 원인균
연쇄상구균	• 사슬모양의 구균 • 폐혈증, 편도선염, 인후염 등의 원인균
쌍구균	• 두 개씩 쌍으로 자라는 균 • 폐렴, 수막구균 등의 원인균

② 간균 : 긴 막대모양의 세균으로 결핵, 파상풍, 디프테리아 등을 유발한다.

③ 나선균 : S자형 또는 나선 모양의 세균으로 콜레라, 매독, 장염 등을 유발한다.

(2) 바이러스(Virus)

① 미생물 중 가장 작아 전자현미경으로만 관찰이 가능하다.

② 살아있는 세포 내에서만 증식 및 질병을 유발한다.

③ 홍역, 일본뇌염, 폴리오, 인플루엔자, B형간염 등을 유발한다.

(3) 진균(Mold, Fungi)

① 곰팡이, 효모, 버섯 등을 포함한다.

② 무좀, 백선 등의 피부병을 유발한다.

(4) 리케차(Rickettsia)

① 세균과 바이러스의 중간 크기에 속한다.

② 이, 벼룩, 진드기와 같은 절지동물의 세포 내에서 서식한다.

③ 유행성 발진티푸스, 츠츠가무시병, 발진열 등을 유발한다.

3) 미생물의 크기 비교

곰팡이 〉 효모 〉 세균 〉 리케차 〉 바이러스

4) 미생물의 증식 환경

(1) 온도

미생물의 성장과 사멸에 가장 큰 영향을 미치는 환경요인이다.

미생물의 성장에 가장 적합한 온도는 28~ 32℃이다.

(2) 습도(수분)

미생물의 증식에 필요한 수분량은 40% 이상이며, 40% 미만이면 증식이 억제된다.

(3) 산소

① 호기성균

- 산소가 있는 곳에서만 증식하는 균
- 결핵, 백일해, 디프테리아 등

② 혐기성균

- 산소가 없는 곳에서만 증식하는 균
- 파상풍, 보툴리누스 등

③ 통성혐기성균

- 산소의 유무와 관계없이 증식하며, 산소가 있으면 증식이 더 잘되는 균
- 대장균, 포도상구균, 살모넬라균 등

(4) 수소이온농도(pH)

세균 증식에 가장 적합한 pH 범위는 중성인 6.0~8.0의 농도에서 가장 잘 번식한다.

(5) 영양분

미생물이 증식하기 위해 탄소, 질소, 무기염류 등의 영양이 충분히 공급되어야 한다.

5) 미생물의 분류

구분	의미	종류
병원성 미생물	인체 내에 침입하여 질병을 일으키는 미생물	세균, 바이러스, 리케차, 진균 등
비병원성 미생물	인체 내에 침입하여도 질병을 일으키지 않는 미생물	발효균, 효모균, 유산균 등

3. 위생 및 안전 관리

1) 위생 관리

위생은 공중보건과 질병을 예방하기 위한 실질적인 기준으로 미용업에 종사하는 미용사와 고객의 건강을 지키기 위하여 실무현장의 작업 환경과 기구 및 도구를 위생적으로 관리하는 것이 중요하다.

네일숍은 고객을 관리하는 과정에서 예기치 못한 실수로 고객의 신체에 해를 가하거나 상처 및 피를 흘리게 할 수 있으며 다양한 감염인자로 인해 안전사고가 발생할 수 있으므로 각별한 주의가 필요하다. 따라서 사전에 화학물질의 적절한 사용법과 소독법을 익혀 감염의 위험을 예방하고 항상 청결한 상태의 작업환경을 만들어야 한다.

(1) 네일숍 내의 위생 관리

① 적절한 조도를 유지하고 냉·난방이 되어야 한다.

② 수도 설비가 이루어져야 하며 냉·온수가 공급되어야 한다.

③ 벽, 천장, 바닥, 선반, 기구 등에 먼지가 없어야 하며 세척이 가능해야 한다.

④ 작업 테이블 및 도구, 기구, 재료 등은 위생적인 상태를 유지해야 한다.

⑤ 동물의 출입을 제한한다.

(2) 기구 및 도구의 위생 관리

① 니퍼, 푸셔, 실크가위 등은 70% 알코올에 20분 이상 담가 두었다가 흐르는 물에 헹구어 마른 수건으로 닦은 후 자외선 소독기에 넣어 보관한다.

② 1회용 도구들은 재사용하지 않는다.

③ 소독 및 세제용 화학제품들은 건냉한 곳에 보관한다.

④ 타월, 가운 등은 사용 후 뜨거운 물로 세탁하여 청결하게 사용한다.

(3) 네일 미용사의 위생 관리

① 시술 전후에 70% 알코올이나 손 소독 용액으로 시술자와 고객의 손을 소독한다.

② 화학제품을 사용하는 동안 피부 또는 눈을 만지거나 닿지 않도록 한다.

③ 화학제품이 눈에 들어가지 않도록 조심한다.

④ 화학제품 사용 후에는 반드시 손을 깨끗이 씻는다.

2) 안전 관리

(1) 네일숍의 안전 관리

① 물질안전보건자료(MSDS : Material Safety Data Sheet)

중요한 화학물질을 안전하게 관리하기 위하여 필요한 정보를 기재한 제품 안전정보 지침서이다. 화학제품에 대한 정의, 위험한 첨가물에 대한 정보, 제조자명, 취급상의 주의, 가연성이나 폭발 한계, 신체 적합성, 보호나 예방 조치에 대한 정보, 보관 및 처리방법 등이 수록되어 있다.

② 전기 사용 시 하나의 콘센트에 너무 많은 전기장치를 사용하지 않는다.

③ 전기장치를 끌 때는 스위치를 먼저 끄고 플러그를 뽑아서 전원을 차단한다.

④ 소화기를 비치한다.

(2) 화학제품의 안전 관리

① 스프레이 제품은 가능한 한 사용하지 않는다.

② 화학제품들은 반드시 이름을 표기하고 마개를 덮어 보관한다.

③ 작업대에 네일 흡진기를 설치하여 화학제품의 냄새나 파일링의 분진을 제거한다.

④ 글루, 젤, 아크릴 리퀴드, 솔벤트는 피부를 건조시키고 피부를 벗겨지게 하므로 사용 시 주의한다.

네일숍에서 사용하는 화학물질		과다 노출 시 부작용 증상
네일 폴리시, 아세톤, 아크릴 리퀴드, 프라이머, 네일 글루, 글루 드라이 등	❯	두통, 콧물과 눈물, 목통증, 피로감, 충혈, 피부 발진 및 염증, 호흡장애 등

(3) 네일 미용사의 안전 관리

① 보호안경과 마스크를 착용하여 눈과 호흡기를 보호한다.

② 네일숍 내에서 흡연을 피한다.

③ 네일숍 내에서 마시거나 먹는 것을 삼간다.

④ 실내를 수시로 환기시켜야 한다.

3) 고객 관리

네일숍을 방문하는 고객에게 지속적인 만족감을 주고 고객 관리 대장을 작성하여 회원 관리에 힘써 더욱 안정적인 서비스를 효율적으로 제공하고자 하는 마케팅 방법을 말한다.

(1) 고객 응대 매뉴얼에 대한 이해

고객 응대는 고객 관리 중 가장 기본적이고 중요한 업무로 고객을 대함에 있어서 고객으로 하여금 네일숍에 대해 신뢰와 호감을 갖도록 하는 모든 일체의 행동을 말한다.

① 전화 응대

응대단계	중요 포인트	내 용
맞이하기	신속성 첫인사 정확성	1. 전화벨이 울리면 3회 이내에 받기 2. 첫인사, 네일숍 명, 이름을 공손하고 또렷하게 말하기 ["감사합니다. ○○네일 ○○○입니다."]
응대하기	어감 말투 대화법 응대 태도	1. 상냥하고 밝은 말투와 존댓말 사용하기 2. 경청하는 자세로 메모하며 상담하기 3. 신속하고 정확하게 상담하기 4. 공감하는 자세로 고객의 눈높이에 맞춰 설명하기
마무리하기	마무리인사	1. 용건 해결에 대한 만족도 확인하기 2. 감사의 마무리 인사하기 3. 전화 끊기

② 예약 응대 : 예약시간 확인 → 고객 이름 확인 → 관리 내용 확인 → 예약 내용 확인 → 마무리 인사로 진행한다.

③ 방문 응대 : 대기 고객 응대 → 식·음료 응대 → 결제 및 배웅 응대

(2) 고객 관리, 예약 관리 대장에 대한 이해

① 고객 관리 대장

고객이 네일 관리를 처음 시작할 때 고객과의 충분한 대화를 통해 고객의 건강 상태와 네일, 피부 상태를 파악한다. 고객이 원하는 서비스를 충분히 확인하고, 고객의 생활환경, 직업 등을 고려하여 가장 적절한 서비스를 제공하기 위해 고객 관리 대장을 작성하고 활용한다.

② 예약 관리 대장

예약이란 고객이 사전에 미리 전화나 방문을 통해 약속을 잡는 것으로 고객의 대기 시간의 불편함을 해소하고 업무 처리의 지연을 방지하여 신속하게 관리를 받을 수 있다. 예약 관리 대장은 예약 사항을 기록하는 문서로 예약 날짜와 시간, 시술받고자 하는 내용을 확인하고, 직원의 수를 파악하여 정확하게 업무를 진행할 수 있도록 해야 한다.

고객 관리 대장

〈 필수사항 〉

성 명		전화번호	
직 업		생년월일	
컬러취향		질 병	
회 원 권		담 당 자	
주 소			

〈 고객 서비스 기록 〉

날짜	시술내역	구매제품	회원권 차감	총금액		시술자
				현금	카드	

예약 관리 대장

년 월 일

시간	이름	전화번호	손 / 발	비고
AM				
AM				
AM				
AM				
AM				
AM				
PM				
PM				
PM				
PM				
PM				
PM				
PM				
PM				
PM				
PM				
PM				

Chapter 3

네일의 구조 및 생리

N · A · I · L   B · A · S · I · C

Nail Constitution & Menstruation

1. 네일의 구조

1) 네일의 구조와 명칭

네일의 구조는 크게 네일 자체와 네일 밑의 피부조직, 네일을 둘러싼 피부로 나눌 수 있다. 네일의 구조별 명칭과 역할에 대해 알아보고자 한다.

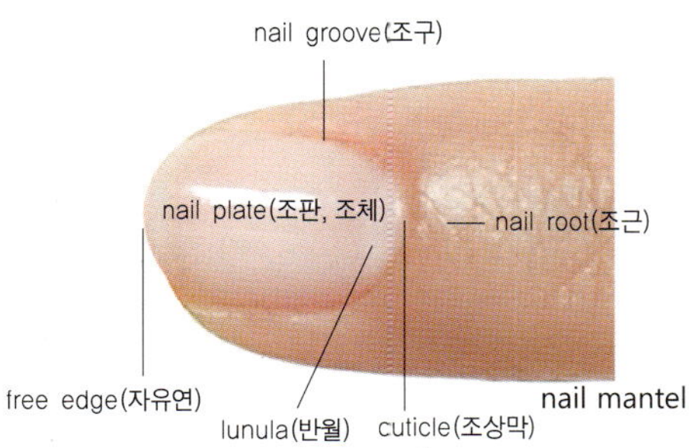

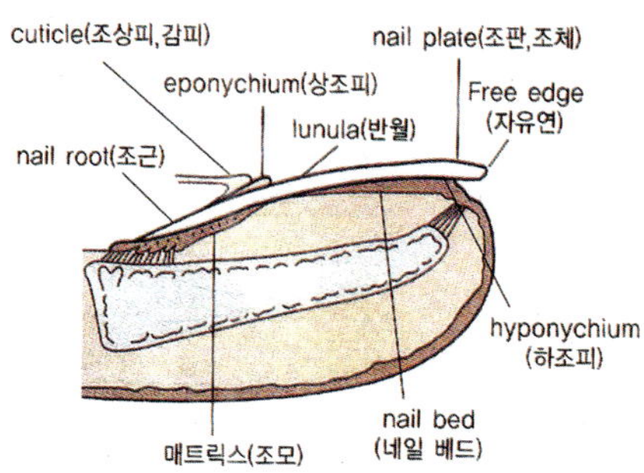

(1) 네일 자체의 기능

① 네일 루트(조근 Nail root)

피부 밑에 묻혀 있는 네일의 뿌리 부분으로 네일 세포가 만들어져 네일이 자라기 시작하는 부분이다.

② 네일 바디(조체 Nail body / 조판 Nail plate)

육안으로 보이는 네일 자체를 말하며 여러 층의 각질로 구성되어 네일 표면층을 구성한다.

③ 프리에지(Free edge, 자유연)

네일 베드가 없는 네일의 끝부분으로서 네일의 형태와 길이를 조절할 수 있다.

④ 스트레스 포인트(Stress point)

네일 바디가 네일 베드에서 떨어져 나가기 시작하는 양 옆의 포인트로 가장 부서지기 쉽고 금이 가기 쉬운 부분이다.

(2) 네일 밑의 기능

① 네일 베드(조상 Nail bed)

네일 바디 밑의 피부를 말하며 신경과 혈관이 분포되어 네일의 신진대사와 수분 공급의 역할을 한다.

② 네일 매트릭스(조모 Nail Matrix)

네일 루트 바로 밑에 있으며 모세혈관, 림프, 신경조직 등이 있어 네일을 만드는 세포를 생성하며 성장시키는 역할을 한다.

③ 루눌라(조반월 Nail lunula)

유백색의 반달 모양으로 네일 베드와 매트릭스, 루트를 연결해주며 케라틴화가 덜된 여린 부분이다.

(3) 네일 주변 피부의 기능

① 큐티클(조소피 Cuticle)

네일 주위를 덮고 있는 신경이 없는 피부로 미생물 등 병균의 침입으로부터 네일을 보호하는 역할을 한다. 정상적인 큐티클은 적당한 수분과 탄력으로 갈라짐이 없어야 한다.

② 에포니키움(상조피 Eponychium)

네일의 베이스에 있는 가는 선의 피부로 루눌라를 부분적으로 덮고 있다.

③ 하이포니키움(하조피 Hyponychium)

프리에지 아래 부분의 돌출된 피부를 말하며 세균의 침입으로부터 네일을 보호한다.

④ 네일 폴드(조주름 Nail fold)

네일 루트 위에 깊게 접혀있는 피부 속 주름으로 네일 루트를 고정시키고 있는 부분이다.

⑤ 네일 그루브(조구 Nail groove)

네일 베드의 양 측면에 좁게 패인 곳으로 네일 월을 당겼을 때 나타나는 홈 부분이다.

⑥ 네일 월(조벽 Nail wall)

네일 그루브 위에 있는 네일 양쪽 측면의 피부로 네일 양옆을 고정하고 있는 부분이다.

2. 네일의 이해

1) 네일의 특성

① 피부의 각질층이 변형된 것으로 케라틴(Keratin)이라는 단백질로 이루어져 있다.

② 반투명의 경케라틴 단백질로 이루어져 있으며 아미노산과 시스테인 등으로 구성되어 있다.

③ 네일의 경도는 수분의 함유량과 케라틴의 조성에 따라 다르다.

④ 네일 바디는 산소를 필요로 하지 않으나 큐티클과 네일 루트는 산소를 필요로 한다.

⑤ 네일은 네일 베드의 모세혈관으로부터 산소를 공급받는다.

⑥ 네일은 얇은 층으로 겹겹이 이루어졌으며 약 12~18%의 수분과 약 0.15~0.75%의 유분을 함유하고 있다.

⑦ 네일은 피부의 부속기관으로 신경, 혈관, 털이 없지만 지각신경들이 집중되어 있다.

2) 네일의 태생

① 임신 약 9주경에 손톱의 성장부위가 형성되어 손톱의 성장이 시작된다.

② 임신 약 14주경부터 손톱이 나타나기 시작한다.

③ 임신 약 20주경에는 완전히 자란 손톱이 형성된다.

3) 네일의 성장

① 네일 매트릭스(Nai Matrix)에서 시작되며 네일 루트(Nail Root)의 조직이 경화되면서 자라 나온다.

② 네일 매트릭스에 위험이 가해지면 불균형하게 자라거나 성장이 멈추기도 한다.

③ 하루 평균 약 0.1~0.15mm, 한달 평균 약 3~5mm 정도 자란다.

④ 손톱이 손상으로 탈락한 후 완전히 재생하는데 약 5~6개월이 소요된다.

※ 네일의 성장속도

성장 속도	내 용
빠름	남성, 여름, 청소년, 중지
느림	여성, 겨울, 노인, 엄지

4) 건강한 네일

① 네일 베드에 단단하게 부착되어 있어야 한다.

② 유연성과 탄력이 있고 강도가 있어야 한다.

③ 12~18%의 수분을 함유하고 있어야 한다.

④ 네일 표면이 매끄럽고 광택이 나며 윤기가 있어야 한다.

⑤ 네일이 세균 등에 감염되지 않은 상태여야 한다.

⑥ 둥근 아치 모양을 형성하고 네일 베드가 연한 핑크색을 띠어야 한다.

5) 네일의 건강상태

① 푸른빛이 감도는 상태 : 혈액순환 불량, 정신적인 과로와 고민

② 창백한 손톱 : 빈혈, 영양장애, 심장 질환 등

③ 붉거나 검붉은 손톱 : 모세혈관에 탄력이 없거나 파열된 사람

④ 가로 줄무늬 또는 패인 손톱 : 정신적 질환, 과로, 급성 전염병, 영양 실조 등

6) 네일의 기능

① 손끝과 발끝을 보호한다.

② 물건을 긁거나 잡고 들어 올리는 기능을 한다.

③ 미용의 장식적인 기능을 한다.

④ 외부 자극에 대해 방어와 공격의 기능을 한다.

3. 네일의 질환

오닉스(Onyx)는 네일을 지칭하는 전문용어로서 그리스어 오니코(Onycho)에서 기인한 것으로, 오니코시스(Orychosis)는 네일 이상 증상 및 질환을 총칭하는 용어이다. 네일 미용사는 네일의 비정상적인 상태에 대한 지식을 가지고 있어야 하며, 전문지식을 기준으로 네일의 상태를 보고 네일 관리의 가능 여부를 정확하게 판단할 수 있어야 한다.

※ 네일 시술이 가능한 질환

네일 미용사는 네일의 상태에 따른 적절한 시술방법으로 네일 이상 증상 및 질환이 더 악화되지 않도록 보완 · 교정하여 네일의 성장을 돕고 네일의 기능성과 심미성을 높이도록 관리해야 한다.

1) 네일 주변의 피부 이상

<table>
<tr><th colspan="2">거스러미 (행네일 : Hang nails)</th></tr>
<tr><td>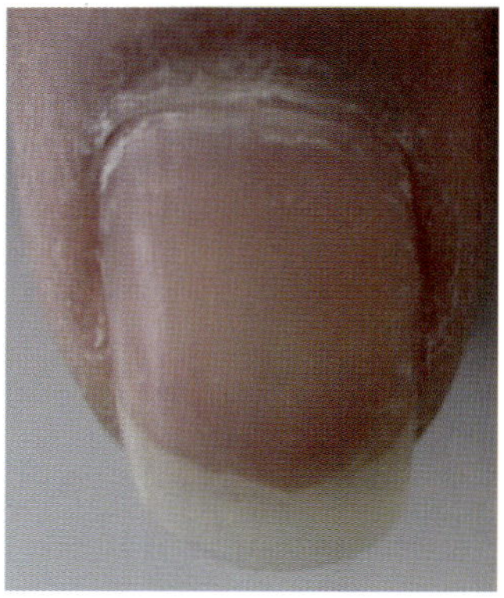</td><td>

증상

지저분하게 거스러미가 일어난다.

원인

- 큐티클과 에포니키움 부분이 건조해지면서 갈라져 일어나는 것이다.
- 합성세제 또는 화학성분의 사용으로 발생할 수 있다.
- 큐티클 부위를 잡아 떼거나 물어뜯는 버릇으로 생길 수 있으며 잘못된 니퍼 사용으로도 발생할 수 있다.

관리

- 건조해진 큐티클 부위에 오일을 발라 마사지한다.
- 큐티클을 잡아 떼거나 물어뜯는 버릇을 고치도록 한다.
- 큐티클을 잘못 처리할 경우 염증이 유발될 수 있으므로 니퍼로 적당히 다듬는다.

</td></tr>
<tr><th colspan="2">조갑익상편 (테레지움 : Pterygium)</th></tr>
<tr><td>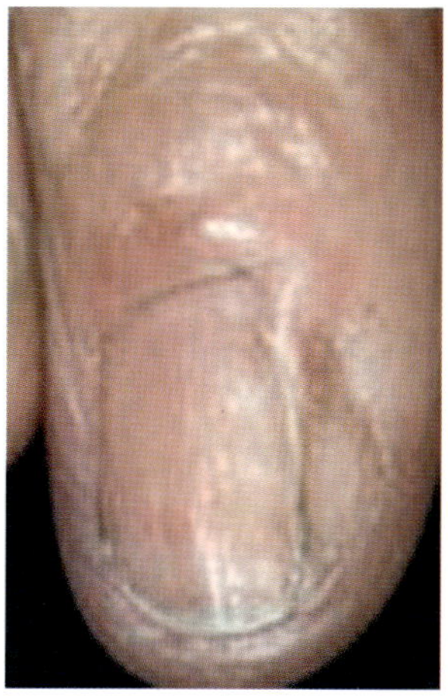</td><td>

증상

큐티클이 과잉 성장하여 네일 위로 과도하게 자라나온다.

원인

유해한 화학성분에 노출되었거나 변질된 네일 제품의 사용으로 피부를 손상시키고 건조하게 한다.

관리

- 큐티클 니퍼로 단단하고 건조해진 큐티클을 제거한다.
- 큐티클이 부드러워질 때까지 꾸준하게 매니큐어시술을 받는 것이 효과적이다.

</td></tr>
</table>

2) 네일 바디의 변형

조갑연화증(에그셸 네일 : Eggshell nail)

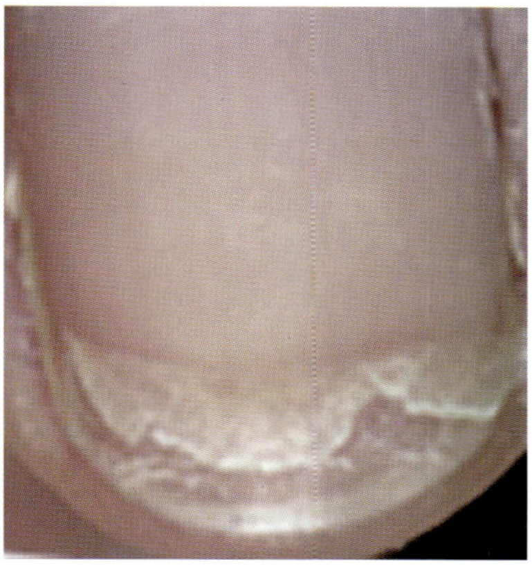

증상

네일이 계란껍질처럼 희고 얇으며 네일 끝이 휘어져 있다.

원인

- 불규칙한 식습관과 심한 다이어트 및 편식 등의 부적절한 식생활로 발생할 수 있다.
- 내과적 질병 또는 신경계의 이상으로 발생할 수 있다.

관리

- 규칙적인 식습관으로 영양소를 골고루 섭취한다.
- 프리에지의 손상된 부분을 제거하고 샌딩 파일로 표면을 다듬는다.
- 부드러운 파일로 조심스럽게 파일링한다.

교조증(오니코파지 : Onychophagy)

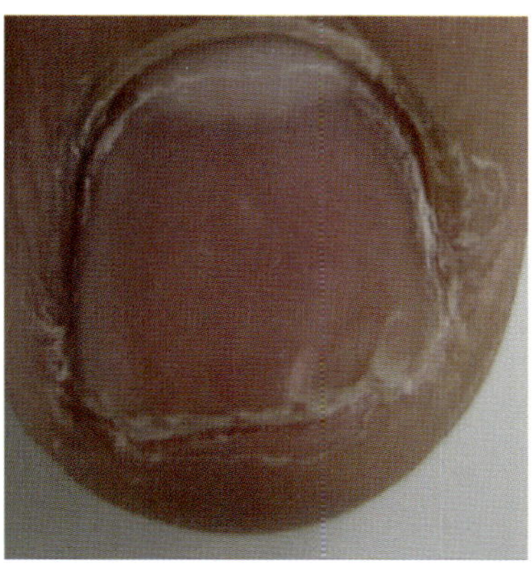

증상

손톱을 심하게 물어뜯는 현상으로 손톱이 자라기도 전에 부서지고 갈라져 정상적인 성장이 되지 않는다.

원인

심리적인 불안감이나 스트레스 등으로 발생할 수 있다.

관리

꾸준히 매니큐어와 인조 네일을 시술한다.

조갑감입증(오니코크립토시스 : Onychocryptosis, Ingrown nail)	
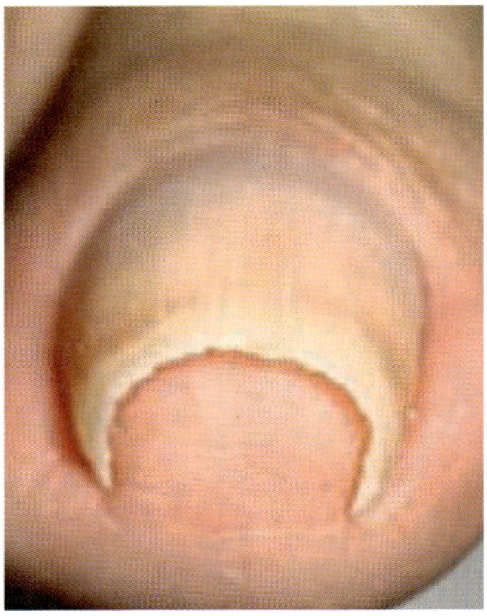	**증상** 네일의 양쪽 옆면이 살을 파고 들어가는 증상으로 주로 엄지발톱에서 볼 수 있다. **원인** 네일을 라운드 형태로 너무 짧게 자르거나 꽉 끼는 신발을 신는 경우에 발생할 수 있다. **관리** • 네일을 스퀘어 형태로 너무 짧지 않게 시술한다. • 앞이 좁고 꽉 끼는 신발을 신지 않도록 한다. • 전문제품을 사용하여 증상을 완화시킬 수 있으나 심할 경우 의사에게 상담하는 것을 권장한다.

조갑위축증(오니카트로피아 : Onychatrophia)	
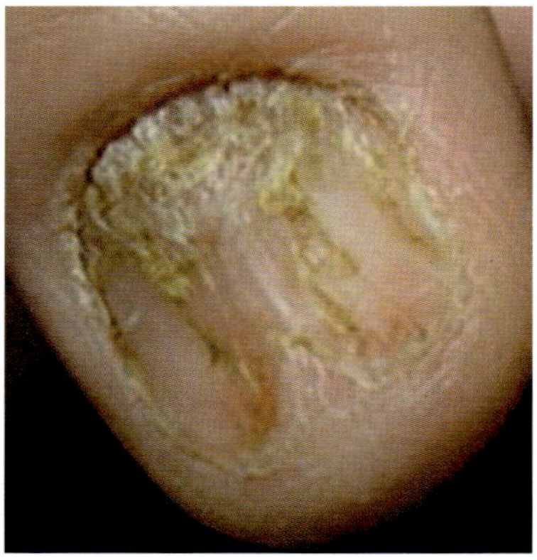	**증상** 네일이 부서져 없어지는 현상으로 윤기가 없어지고 오그라들며 떨어져 나간다. **원인** • 네일 매트릭스가 손상을 입었을 경우 발생할 수 있다. • 내과적 질병이나 잦은 화학제품의 사용에 의해 발생할 수 있다. **관리** • 네일 관리 시 부드러운 파일로 조심스럽게 시술한다. • 화학제품의 사용을 자제한다. • 내과적 질병의 경우 근본적인 치료를 위해 의사와 상담하도록 권유한다.

조갑비대증(오니콕시스 : Onychauxis)

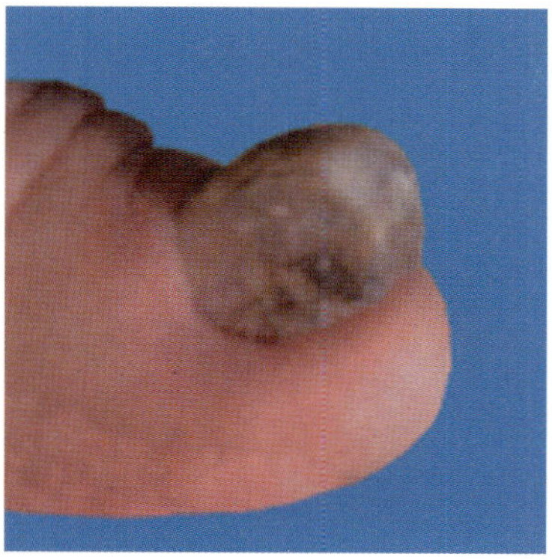

증상

네일의 과잉성장으로 비정상적으로 두꺼워진다.

원인

내과적 질병이나 감염, 유전으로 발생할 수 있다.

관리

네일의 표면을 부드럽게 파일링하여 증상을 감소시킨다.

스푼형 네일(코일로니키아 : Koilonychia)

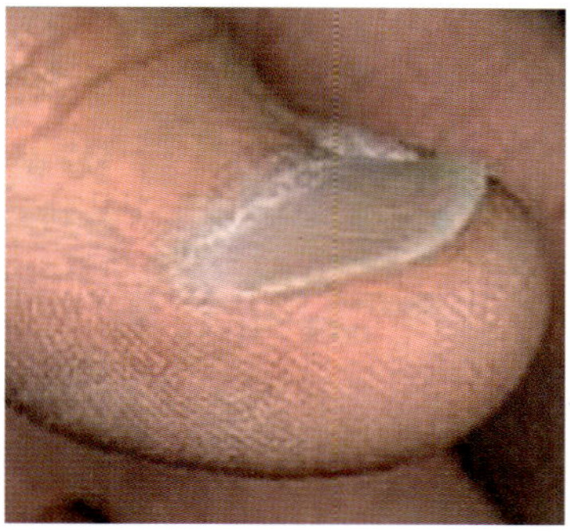

증상

네일 바디가 숟가락 모양으로 함몰된다.

원인

빈혈이나 갑상선 질환 등으로 발생할 수 있다.

관리

네일을 보호하기 위해 인조 네일을 시술한다.

조갑종렬증(오니코렉시스 : Onychorrhexis)

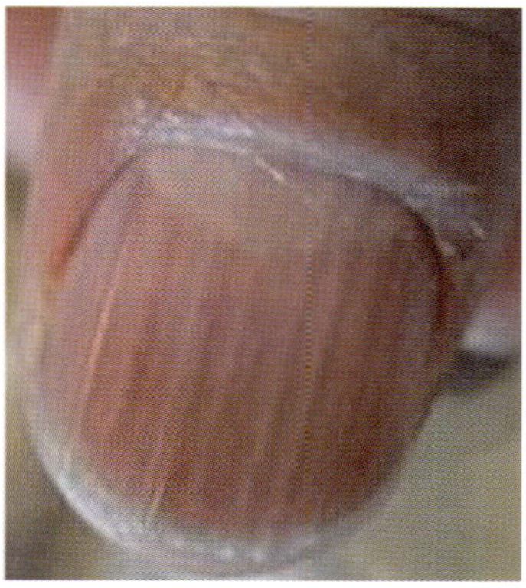

증상

네일이 세로로 골이 파져 갈라지거나 부서진다.

원인

외부의 물리적인 충격이나 강한 알칼리성 비누, 화학제품으로 인해 네일이 건조해져 발생할 수 있다.

관리

비누와 화학제품의 사용을 금한다.

고랑파진 네일(퍼로우 : Forrow, Corrugations)	
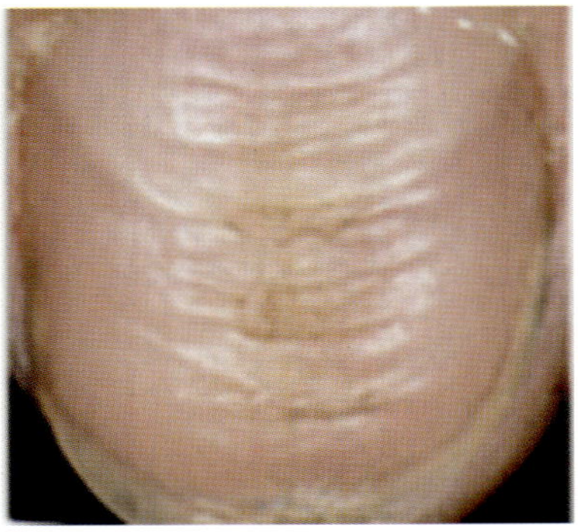	**증상** 네일이 세로나 가로로 골이 패이고 주름져 있다. **원인** • 유전, 나쁜 식습관, 순환기 계통의 질병으로 발생할 수 있다. • 신경성, 빈혈, 고열, 임신, 홍역 등으로 발생할 수 있다. **관리** • 네일 표면을 부드러운 샌딩을 사용하여 버핑하거나 인조 네일을 시술할 수 있다. • 처음으로 고랑이 생기면 빈혈일 수 있으므로 의사와 상담하도록 권유한다.

3) 네일 변색

멍든 네일(헤마토마 : Hematoma)	
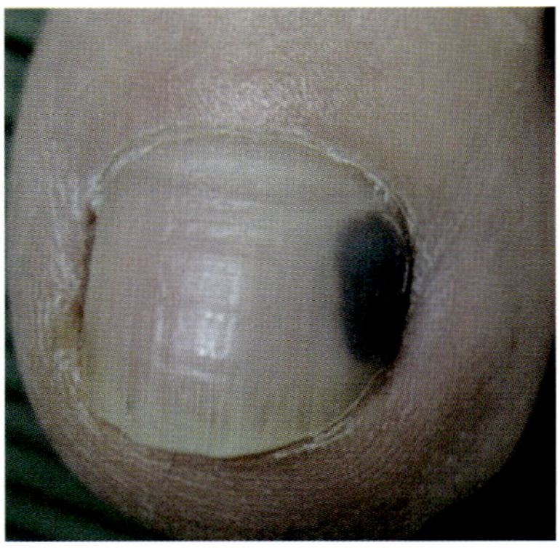	**증상** 네일 베드에 피가 응결된 상태로 네일 바디에 멍이 반점처럼 나타난다. **원인** 네일 베드가 외부의 충격으로 손상을 입어 혈액이 응고되어 발생할 수 있다. **관리** • 네일에 무리가 가지 않도록 조심해서 관리한다. • 시술 중에 네일이 탈락할 수 있으므로 인조 네일은 시술하지 않는다.

조백반증(루코니키아 : Leuconychia)	
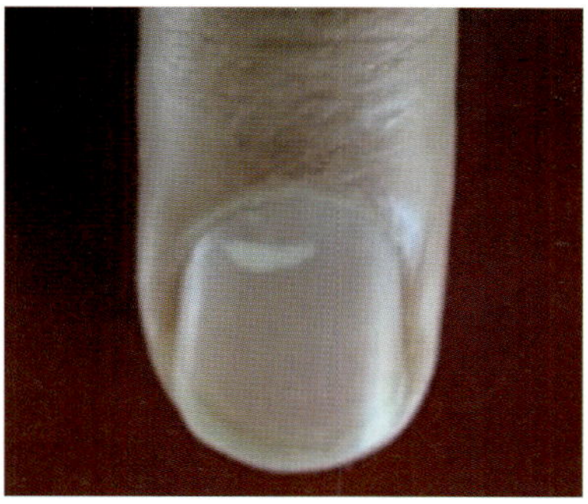	**증상** 네일 바디에 작은 백색 점이 생긴다. **원인** 선천적 요인이나 외부의 압력 또는 질병 등으로 인해 발생할 수 있다. **관리** 자연적으로 자라서 없어지므로 경과를 지켜본다.
조갑모반(니버스 : Nevus)	
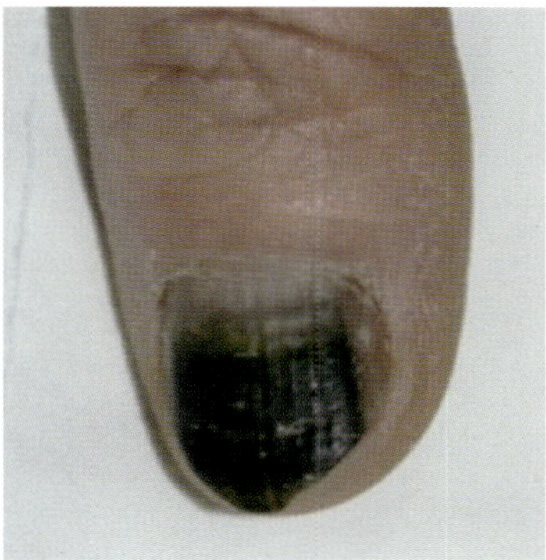	**증상** 네일 바디의 일부 또는 전부가 갈색이나 흑색으로 변한다. **원인** 네일 바디에 멜라닌 색소의 침착으로 발생할 수 있다. **관리** 네일에 침착된 색소가 없어질 때까지 폴리시를 바르는 것이 효과적이다.
조갑청색증(오니코싸이아노시스 : Onychocyanosis)	
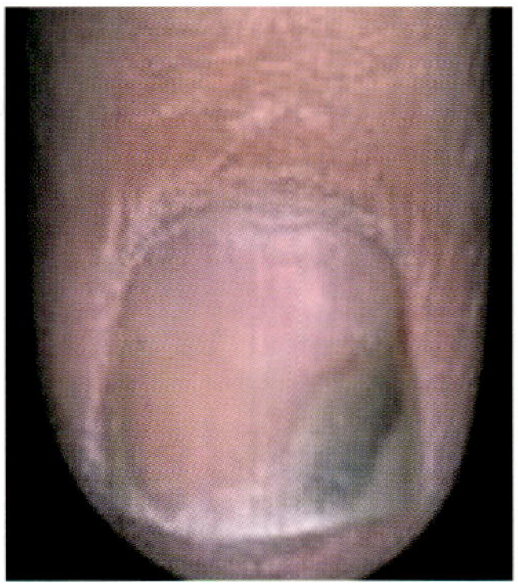	**증상** 네일의 색이 푸른색으로 변한다. **원인** 혈액순환이 제대로 이루어지지 않아 일어난다. **관리** 네일 시술은 가능하나 근본적인 원인을 치료해야 하므로 의사와의 상담을 권유한다.

변색된 네일(디스컬러드 네일 : Discolored nail)	
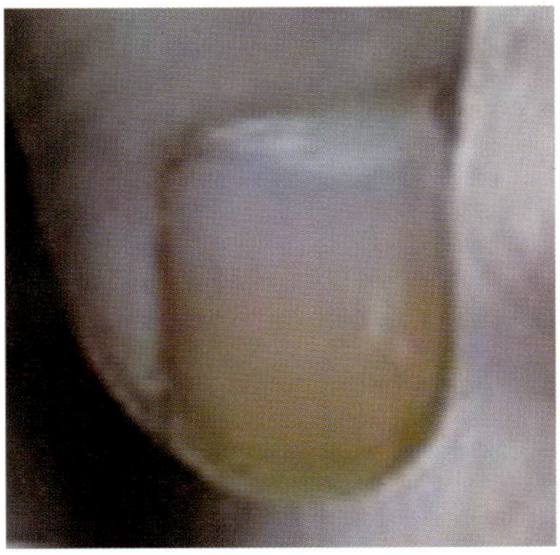	**증상** 네일의 색상이 황색, 청색, 검푸른색, 자색 등으로 나타난다. **원인** • 혈액순환이나 심장이 좋지 않을 경우 발생할 수 있다. • 잦은 네일 폴리시의 사용과 변질된 네일 제품의 사용으로 발생할 수 있다. • 흡연, 곰팡이균의 감염으로 발생할 수 있다. **관리** • 네일 표면의 착색은 네일 표백제를 사용하면 효과적이다. • 금연을 하고 혈액순환 개선을 위해 규칙적인 운동을 한다. • 심장질환이나 근본적인 치료를 위해 의사와의 상담을 권유한다.

※ 네일 시술이 불가능한 질환

네일 미용사는 시술 불가능한 네일 질환을 가진 고객에게 반드시 의사에게 치료 받을 것을 권유하고 치유된 후 네일 관리를 받을 수 있음을 조언하도록 한다.

사상균(몰드, Nail mold)	
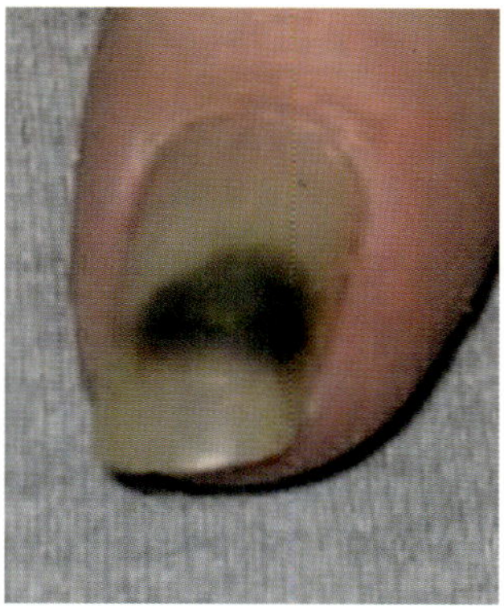	**증상** · 네일이 황록색으로 보이며 점차 청록색에서 검은색으로 변한다. · 심한 경우 네일이 물렁해지고 냄새가 난다. **원인** 인조 네일을 시술하고 제대로 보수하지 않으면 자연 네일과의 사이에 습기가 스며들어 생길 수 있는 진균염증이다.
조갑염(오니키아, Onychia)	
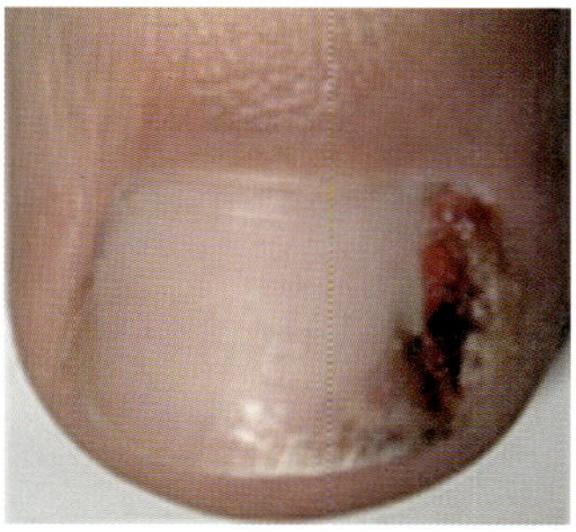	**증상** 네일 밑의 피부에 염증이 생겨 빨갛게 부어올라 고름이 생긴다. **원인** 네일 관리 시 소독이 안 된 네일 도구를 사용하여 박테리아에 감염되어 발생할 수 있다.
조갑주위염(파로니키아, Paronychia)	
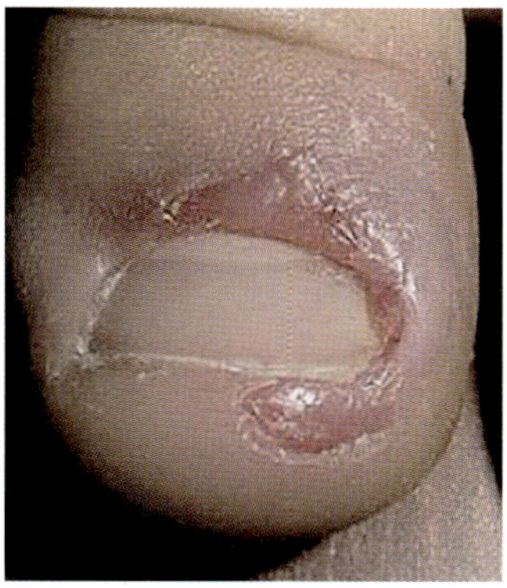	**증상** 네일 주위의 피부가 빨갛게 부어오르며 살이 물러진다. **원인** 네일 관리 시 소독이 안 된 네일 도구를 사용하거나 큐티클을 과다하게 제거함으로써 박테리아 감염에 의해 발생할 수 있다.

조갑진균증(오니코마이코시스 : Onychomycosis)

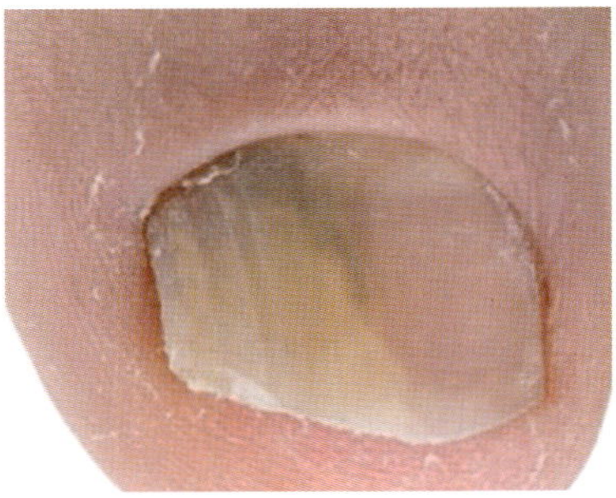

증상

네일이 두꺼워지며 희거나 누렇게 변색되고 잘 부스러지며 심한 경우 네일 베드가 드러난다.

원인

- 진균에 의한 감염으로 발생할 수 있다.
- 네일의 무좀으로 전염성이 높다.

조갑박리증(오니코리시스 : Onycholysis)

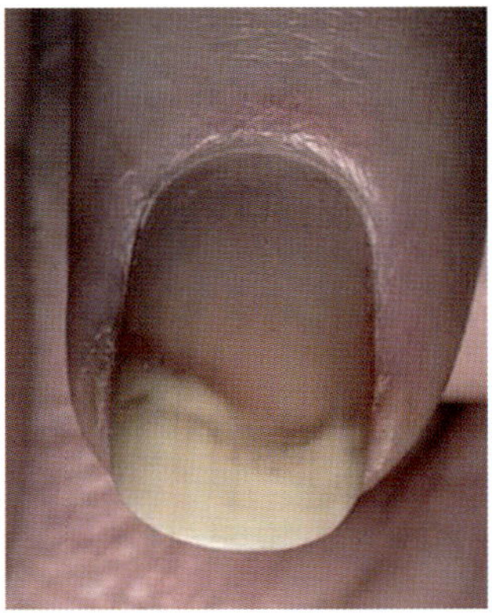

증상

네일 프리에지에서 시작하여 네일 바디가 네일 베드에서 분리되어 루눌라 쪽으로 번지기도 하지만 네일이 완전히 떨어져 나가지는 않고 박리된 부분이 하얗게 변한다.

원인

내과적 질병이나 외상, 감염 혹은 화학제품의 과도한 사용으로 발생할 수 있다.

조갑탈락증(오니콥토시스 : Onychoptosis)

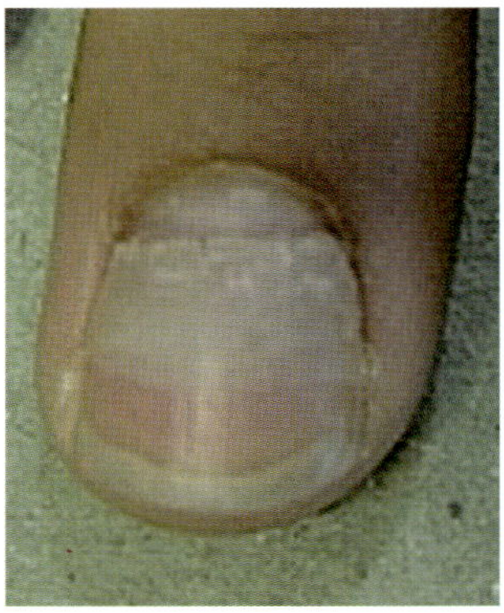

증상

네일 바디와 네일 베드 사이에 틈이 생겨 분리되고 들떠서 일부분 혹은 전체가 주기적으로 떨어져 나간다.

원인

매독, 고열, 약물 반응, 심한 외상 등으로 인해 발생할 수 있다.

조갑구만증(오니코그리포시스 : Onychogryphosis)	
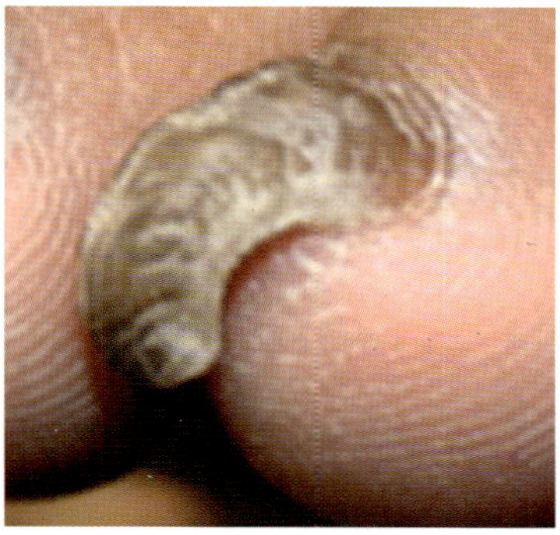	**증상** 네일이 광택을 잃고 두꺼워지며 만곡 상태가 심하여 구부러진다. **원인** 정확한 원인은 알려져 있지 않다.
무좀(티니아 페디스 : Tinea pedis)	
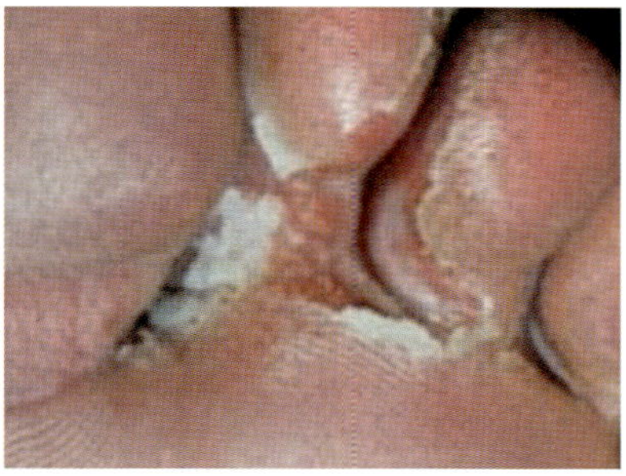	**증상** 발가락 사이의 피부가 짓무르고 습기에 불어 하얗게 되거나 갈라지며, 물집이 잡히기도 하고 가려움증이 동반되기도 한다. **원인** 진균에 의한 감염으로 전염성이 높다.
화농성 육아종(파이로제닉그래뉴로마 : Pyrogenic granuloma)	
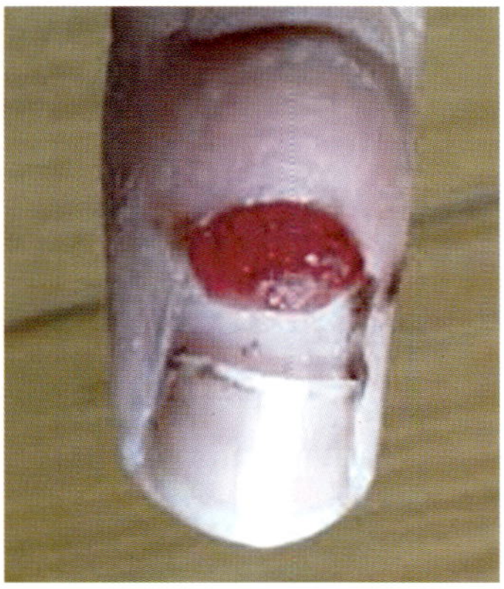	**증상** 심한 염증 상태로 네일 베드에서 네일 바디로 붉은 살이 자라 나온다. **원인** 네일 주위 피부의 박테리아 감염이나 위생 처리되지 않은 도구의 사용으로 발생할 수 있다.

Chapter 4

네일 베이직

N · A · I · L   B · A · S · I · C

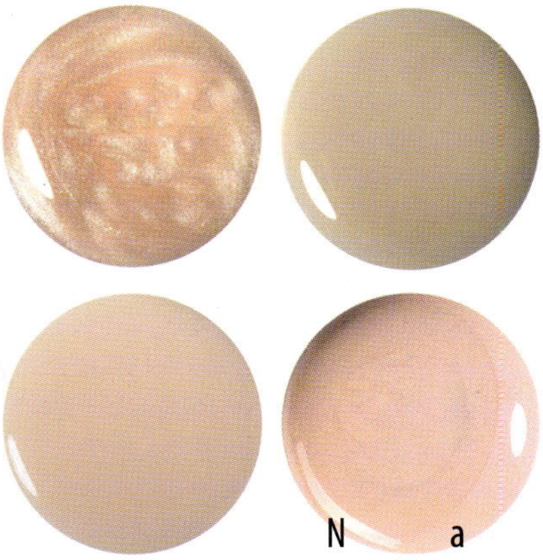

N a i l B a s i c

1. 네일 미용 제품

1) 네일 기기의 종류와 특성

매니큐어 작업대

네일 미용사가 고객의 손을 관리하는 작업 테이블로 높이와 폭을 고려하며, 재료를 보관할 수 있는 서랍이 부착되어 있고 화학 제품에 손상되지 않는 재질이어야 한다.

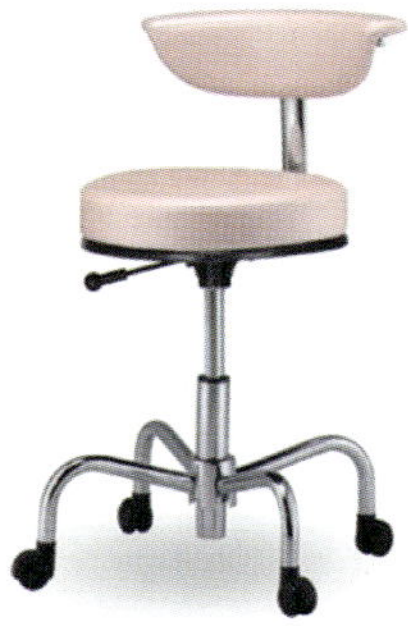

시술용 의자(Nail Chair)

등받이가 있는 의자로 높이 조절이 가능하고 움직임이 편하도록 바퀴가 달린 것이 좋다.

패디큐어 스파

패디큐어 관리 시 의자와 족욕기가 세트로 구성된 기기로 편리하고 편안하게 시술이 가능하다.

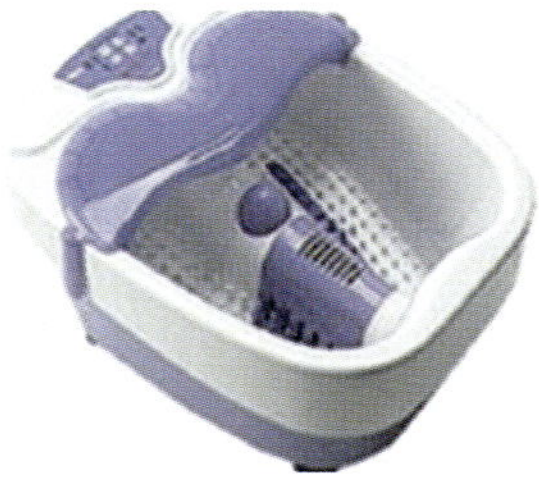

족욕기

패디큐어 관리 시 발의 피로를 풀어주고 발의 큐티클이나 각질을 불려주는 역할을 한다.

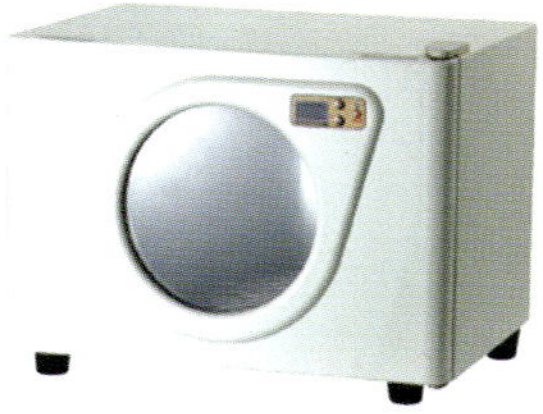

온장고

물에 적신 타월의 온도를 따듯하게 유지하여 보관하는 기기로 고객의 손 · 발을 닦아 준다.

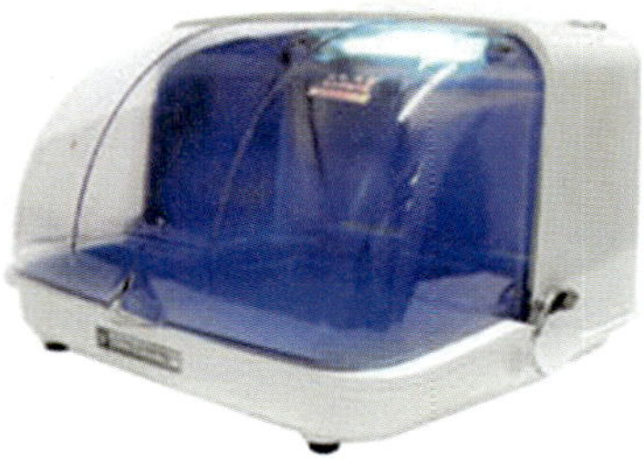

네일 관리 시 사용되는 금속 도구들을 넣어 자외선으로 살균 · 소독한다.

자외선 소독기

팬의 회전으로 바람을 일으키는 원리로 네일 폴리시의 빠른 건조를 도와준다.

네일 드라이어

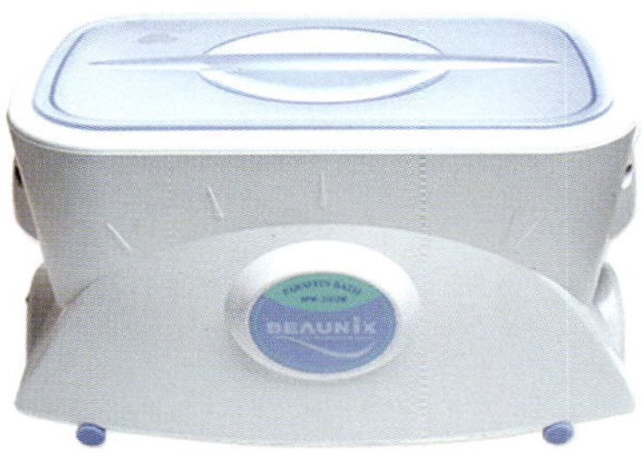

파라핀 왁스를 녹이는 전기기기로 약 52~55℃의 적정 온도를 유지하고, 손·발을 담가서 사용하는 것으로 보습 및 통증에 효과적이다.

파라핀 워머

젤 네일 관리 시 젤을 경화시킬 때 사용하는 램프로 UV, LED 전구가 들어 있다.

젤 램프 기기

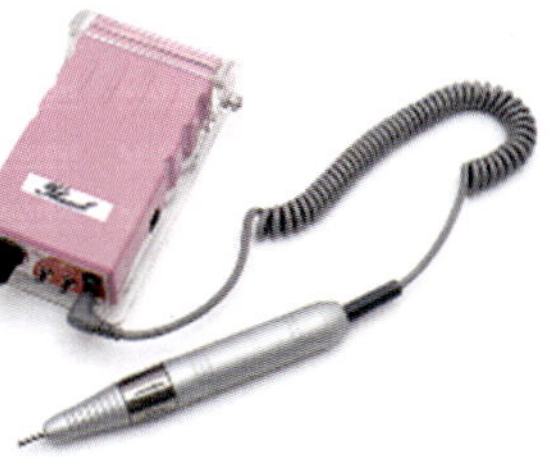

드릴머신과 비트

네일 케어와 파일링을 도와주는 기기로 비트는 드릴머신 본체에 끼워 파일처럼 사용한다.

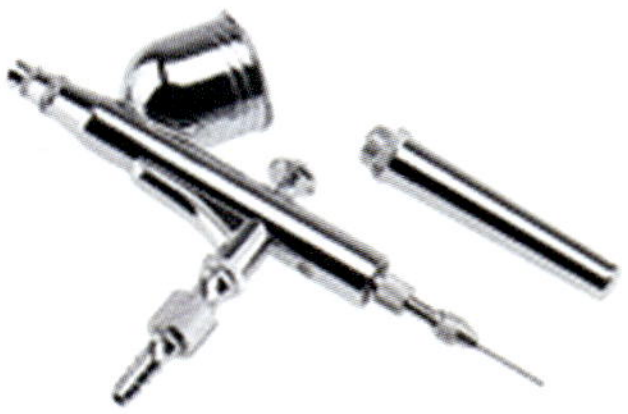

에어브러시

에어브러시 건에 물감이나 컬러 젤을 넣어 네일 위에 분사하여 컬러를 부여하거나 아트를 표현한다.

흡진기

팬이 돌아가면서 네일 파일링 작업 시 발생하는 분진을 흡입하는 데 사용한다.

2) 네일 도구의 종류와 특성

재료정리함

네일 재료들을 담아 사용하기 용이하도록 수납하는 정리함으로, 깨끗하고 표면이 부드러운 것을 선택한다.

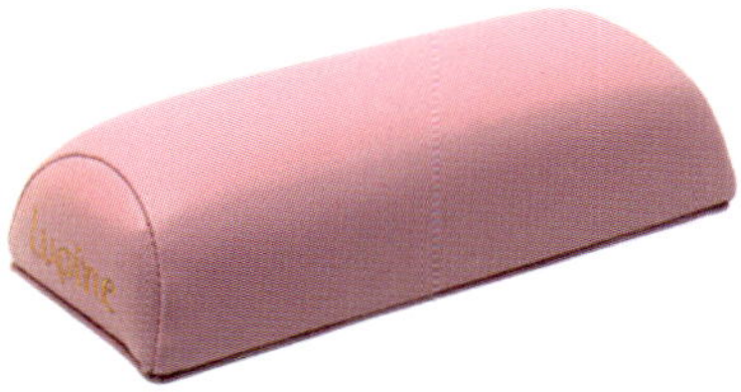

손목 받침대

네일 미용 관리 시 고객의 손목을 편안하게 받쳐서 작업의 편리성을 제공해 준다.

용기

청결한 화장솜이나 멸균거즈를 담아 보관하는 용기로서 반드시 뚜껑이 있어야 한다.

소독용기

니퍼, 푸셔 등 철제 도구들의 소독을 위해 소독액을 담아두는 투명한 유리 용기를 말한다.

핑거볼

습식 매니큐어 관리 시 고객의 손끝을 물에 담가 네일 주위의 각질을 불려주는 용기로 따뜻한 물을 넣는다.

디스펜서

네일 폴리시 리무버, 아세톤 등의 용액을 필요한 만큼 덜어 사용하는 펌프식 용기로 편리하게 사용한다.

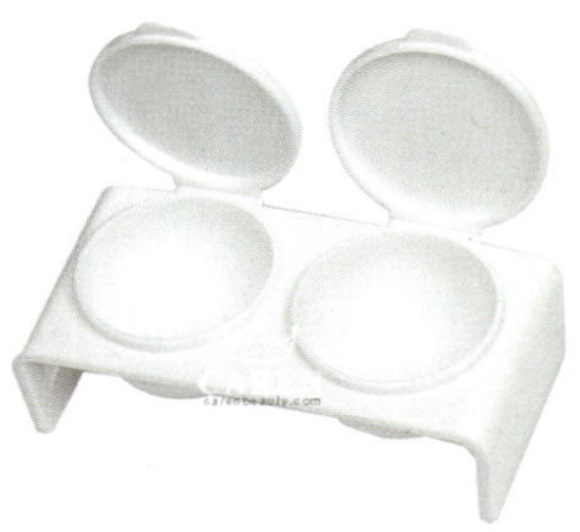

디펜디시

화학물질에 녹지 않는 재질의 용기로 아크릴 리퀴드, 브러시 클리너 등을 덜어서 사용한다.

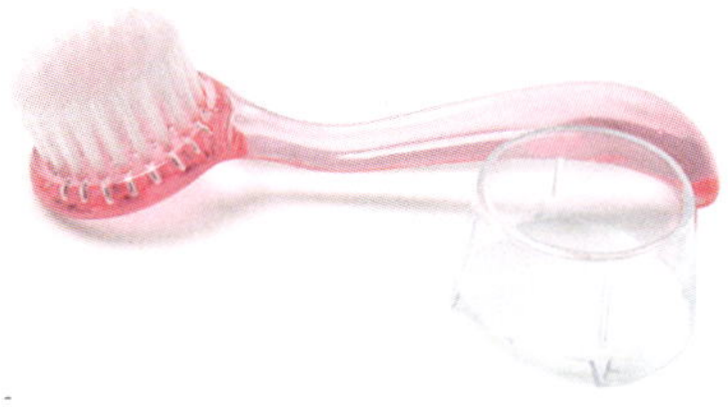

더스트 브러시

손과 발, 네일의 분진을 제거할 때 사용하며 핸드 브러시, 네일 솔이라고도 한다.

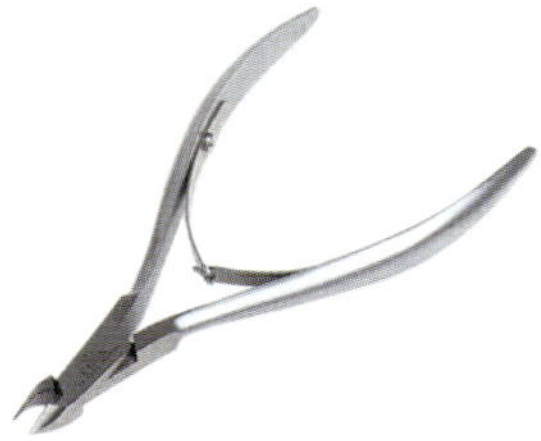

네일 주위의 거스러미와 큐티클을 제거할 때 사용하며 감염의 우려가 가장 높으므로 철저한 소독이 필요하다.

큐티클 니퍼

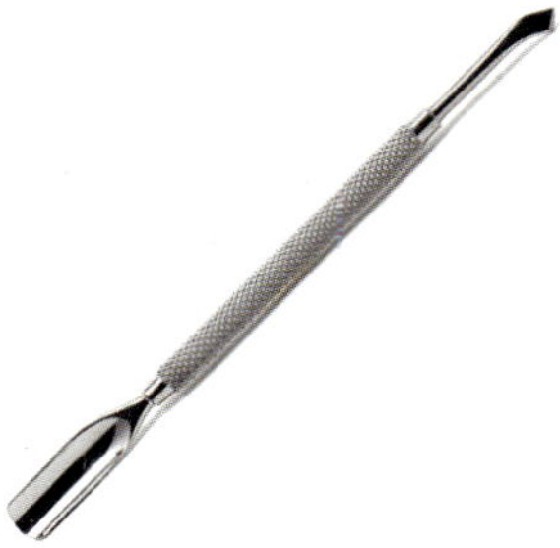

큐티클을 밀어 올릴 때 사용하며 연필을 잡듯이 잡고 45° 각도를 유지한다.

큐티클 푸셔

자연 네일과 인조 네일의 길이를 자를 때 사용하며 날의 모양에 따라 일자형과 둥근형이 있다.

클리퍼

네일 팁의 길이를 자를 때 사용하며 네일 팁과 팁 커터의 각도 90°에서 길이를 재단한다.

팁 커터

큐티클을 밀어 올리거나 컬러링 수정 또는 네일 표면의 이물질 제거 등 상황에 맞게 사용한다.

오렌지 우드스틱

천으로 만들어진 네일 랩을 손톱에 맞게 잘라 재단하는 데 사용한다.

랩 가위

발바닥의 각질을 부드럽게 밀어줄 때 사용하며 굳은 각질이 심할 경우 콘커터 사용 후에 매끄럽게 정리한다.

패디 파일

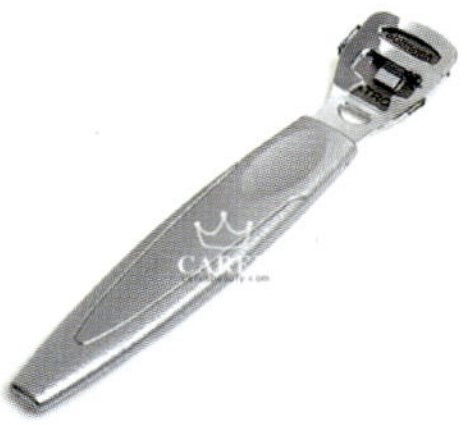

발바닥의 굳은 각질을 제거할 때 사용하며, 족문 방향으로 안쪽에서 바깥쪽으로 사용한다.

콘 커터

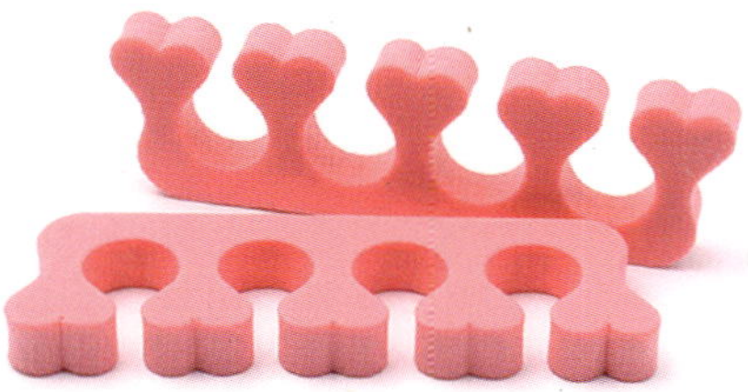

토우 세퍼레이터

패디큐어 관리 시 컬러를 바르기 전에 발가락 사이에 끼워 컬러가 피부에 묻는 것을 방지한다.

네일 파일

네일의 길이나 모양, 두께를 조절할 때 사용하며, 파일의 거칠기 정도는 그릿(grit) 번호로 구분하고 번호가 높을수록 파일이 부드럽다.

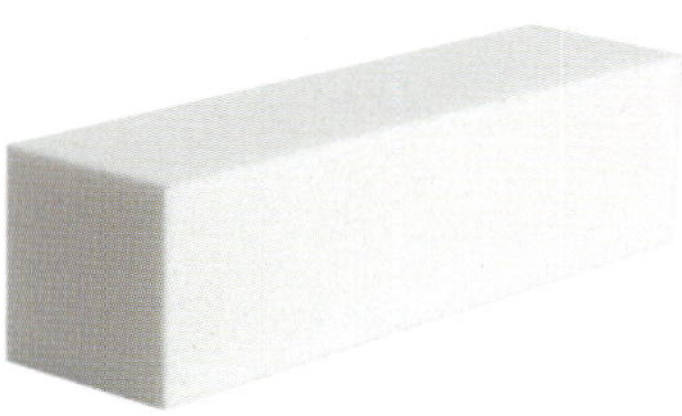

샌딩 블럭

샌딩 버퍼라고도 하며 자연 네일 또는 인조 네일의 표면을 매끄럽게 정리할 때 사용한다.

광파일

자연 네일이나 인조 네일 표면에 광을 낼 때 사용하며, 그릿수가 작은 면부터 시작해서 높은 면의 순서로 문질러준다.

3) 네일 재료의 종류와 특성

페이퍼 타월

타월 위에 깔고 손의 물기를 제거하거나 네일 글루, 아크릴 리퀴드의 양을 조절, 컬러 용기의 입구를 닦을 때 사용한다.

솜

손 소독을 할 때, 네일 컬러를 지울 때, 네일 표면의 유분기를 제거할 때, 인조 네일을 제거할 때 사용한다.

소독제(안티셉틱)

모든 관리 전에 가장 먼저 사용하며 시술자의 손과 고객의 손 · 발을 소독한다.

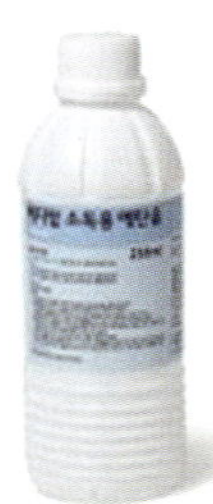

알코올

소독용 에탄올로 70% 농도의 알코올을 사용하여 손과 발뿐만 아니라 네일 도구를 소독할 때 사용한다.

큐티클 제거 시 출혈을 지혈할 때 사용하며, 출혈 부위에 떨어뜨리거나 솜을 이용하여 가볍게 눌러준다.

지혈제

피부에 유·수분을 공급하기 위하여 마사지나 마무리 시에 발라준다.

로션

건조한 큐티클에 영양과 보습을 주어 건조하지 않게 유지시키며 큐티클을 부드럽게 해준다.

큐티클 오일

큐티클 오일보다 농도가 짙어 짧은 시간 안에 큐티클을 연화시켜 큐티클 제거에 용이하다.

큐티클 리무버

네일 강화제

자연 네일에 영양을 주고 건강하게 자랄 수 있도록 도와주며 네일이 약해지는 것을 예방한다.

베이스 코트

네일 폴리시를 바르기 전에 바르는 것으로 폴리시의 밀착력을 높이고 자연 네일이 착색되는 것을 방지한다.

탑코트

네일 폴리시를 바른 후 마지막 단계에 바르는 것으로 폴리시를 보호하고 광택과 지속력을 높여준다.

네일 폴리시

컬러, 에나멜, 락커라고도 하며 네일에 색상을 부여하기 위해 사용한다.

네일 폴리시 띠너

폴리시가 공기와 접촉하면서 굳어졌을 때 사용하며 폴리시에 2~3방울 정도 넣어주면 묽어져 효과적이다.

네일 화이트너

착색되거나 변색된 네일을 하얗게 보이도록 표백해주는 작용을 한다.

네일 폴리시 퀵 드라이

네일 폴리시를 빠르게 건조시키기 위해 사용하며, 약 10~20cm 정도의 적당한 간격을 두고 분사한다.

네일 폴리시 리무버

네일 폴리시를 제거할 때 사용하며 솜에 리무버를 적셔 네일 위에 올려놓고 돌려주면서 제거한다.

젤 리무버

젤 네일 폴리시를 제거할 때 사용하며, 솜에 리무버를 적셔 네일 위에 올려놓고 알루미늄 호일로 감싸 제거한다.

퓨어아세톤

인조 네일을 제거할 때 사용하며, 솜에 용액을 적셔 네일 위에 올려놓고 알루미늄 호일을 사용하여 감싸주고 약 10~20분 정도 후에 제거한다.

네일 팁

이미 모양이 만들어진 인조 네일로, 네일의 길이를 연장할 때 사용하며 소재는 플라스틱, 나일론, 아세테이트 등으로 되어있다.

네일 글루

네일 전용 본드이며 네일 팁을 자연 네일에 접착하거나 네일 랩을 붙이고 고정할 때 사용한다.

젤 글루

글루보다 점성이 높고 접착력이 강한 네일 전용 본드로 네일 팁을 접착할 때나 마무리할 때 사용한다.

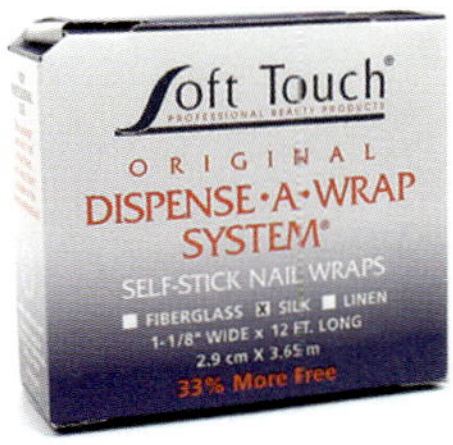

실크

약한 자연 네일이나 인조 네일 위에 덮어 씌워 네일을 튼튼하게 유지시켜 주고, 네일의 길이를 연장할 때 사용한다.

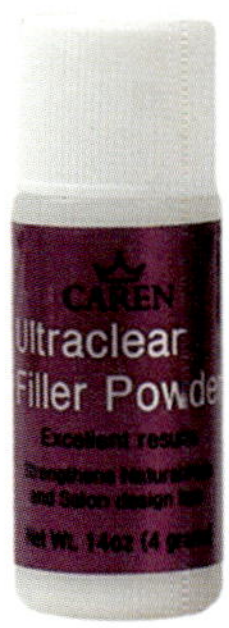

필러 파우더

네일 랩이나 팁의 보강과 네일 표면을 메울 때 또는 두께 조절을 위해 네일 글루와 함께 사용한다.

글루 드라이

엑티베이터(Activator)라고도 하며 네일 글루나 젤 도포 후 분사하여 빠른 건조를 유도한다.

아크릴 파우더

아크릴 네일 시술 시 아크릴 리퀴드와 혼합하여 사용하며 분말 형태로 되어 있다.

아크릴 리퀴드

아크릴 네일 시술 시 아크릴 파우더와 혼합하여 사용하며 액체 상태로 되어 있다.

아크릴 브러시

아크릴 파우더와 아크릴 리퀴드를 혼합하여 네일 위에 올릴 때 사용하는 아크릴 전용 붓이다.

아크릴 브러시 크리너

아크릴 브러시에 남아 있는 잔여물을 깨끗하게 세척할 때 사용한다.

네일 폼

네일 길이를 연장할 때 인조 네일의 길이와 모양을 만들기 위해 사용하며 받침대 역할을 한다.

프라이머

인조 네일 시술 시 자연 네일에 발라주며 인조 네일의 접착 효과를 높여준다.

베이스 젤

젤 네일 시술 시 자연 네일과 젤이 잘 밀착되고 균일하게 도포되도록 발라준다.

탑 젤

젤 네일 시술 시 가장 마지막 단계에 바르는 것으로 젤을 보호하고 광택을 부여한다.

젤 네일 폴리시

안료를 포함하고 있는 컬러 젤로 광택이 뛰어나며 유지기간이 오래 지속된다.

클리어 젤

자연 네일의 보강과 길이를 연장할 때 사용하며, 점성에 따라 소프트 젤과 하드 젤로 구분된다.

젤 클리너

젤 큐어링 후 네일 표면에 남아있는 미경화 젤을 제거할 때 사용한다.

젤 브러시

젤을 네일 위에 올릴 때 사용하거나 그림을 그릴 때 사용하는 젤 전용 붓이다.

2. 네일 기본 관리

1) 네일의 기본 모양

고객의 손모양, 손가락 길이와 굵기, 직업 및 취향 등을 고려하여 네일의 모양을 선택한다.

네일 모양에는 스퀘어, 라운드 스퀘어, 라운드, 오벌, 포인트 등 5가지의 종류가 있다.

스퀘어(Square)

- 네일의 양 끝 모서리 부분이 사각의 모양이다.
- 내구성이 강하며 국가자격증, 네일아트 대회에서 활용되는 형태이다.
- 파일의 각도 90°

라운드 스퀘어(Round square)

- 스퀘어 네일에서 양 끝 모서리만 부드럽게 만든 모양이다.
- 발톱에 사용하며 세련되고 도회적인 느낌이다.
- 파일의 각도 70°

라운드(Round)

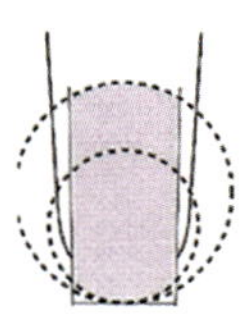

- 네일의 양 끝 모서리를 각이 없이 둥글게 다듬은 모양이다.
- 짧은 네일이나 남녀노소 등 가장 많이 활용되는 형태이다.
- 파일의 각도 45°

오벌(Oval)

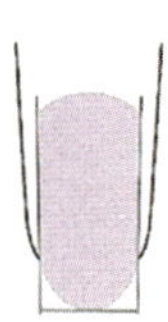

- 네일의 양 끝 모서리를 더 많이 둥글게 만든 모양이다.
- 손이 길어 보이며 여성스러운 느낌을 준다.
- 파일의 각도 15~30°

포인트(Point)

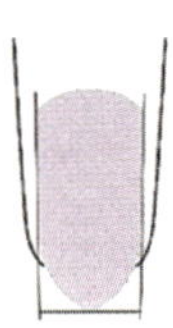

- 오벌 모양보다 프리에지 끝 부분이 더 뾰족한 아몬드 모양이다.
- 손이 길고 가늘어 보이나 내구성이 약해 부러지기 쉬운 단점이 있다.
- 파일의 각도 10~15°

2) 네일 파일의 이해

(1) 네일 파일(Nail File)

네일 파일은 에머리보드(Emery Board)라고도 하며, 자연 네일과 인조 네일의 길이와 모양을 조절하고 네일 표면 정리, 인조 네일 제거 등 모든 작업에 사용한다. 네일 파일의 사용 구분은 표면의 그릿(Grit) 숫자에 따라 분류된다.

※ 그릿(Grit) 숫자에 따른 네일 파일 선택 방법

질 감	그릿 수	내 용
매우 거침	150그릿 이하	• 아크릴 네일의 물리적 제거 • 인조 네일의 심한 두께 조절
거침	150~180그릿	• 네일 팁 턱 제거 • 인조 네일의 두께 조절, 표면 정리 • 인조 네일의 길이 조절, 형태 조형
보통	180~240그릿	• 인조 네일의 표면 정리 • 자연 네일의 광택 제거 • 자연 네일의 형태 조형
부드러움	240~400그릿	네일의 표면을 세밀하게 다듬기
매우 부드러움	400그릿 이상	네일의 표면을 부드럽게 정리
매우 부드러움	광택용 파일	네일 표면에 광택 부여

(2) 파일의 종류

자연 네일용 파일

자연 네일의 길이 조절과 형태를 조형하는 데 사용한다.
자연 네일은 180그릿 이상의 부드러운 우드 파일을 사용해야 하며, 힘을 주어 비비거나 왕복하지 말고 한쪽 방향으로 사용한다.

인조 네일용 파일

인조 네일 작업 시 인조 네일의 길이 조절과 형태를 조형, 제거 시 사용한다.
그릿 숫자에 따른 적절한 네일 파일을 선택하여 네일 주변 피부에 주의하며 사용한다.

샌딩용 파일

샌딩용 파일 속에 스펀지가 들어 있는 형태로 네일 표면을 매끄럽게 정리해 주거나 자연 네일의 광택을 제거하기 위해 사용한다.

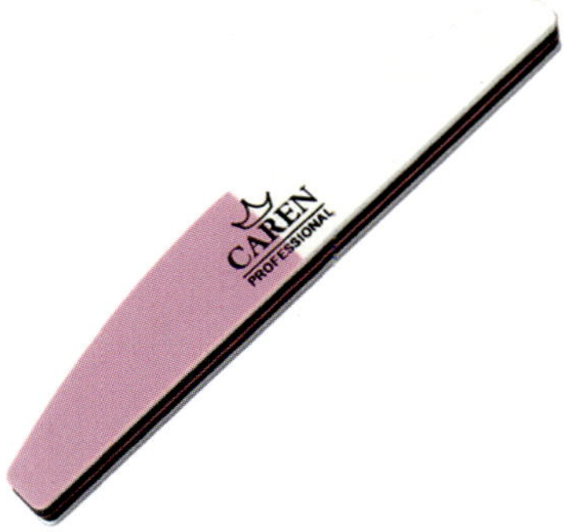

광택용 파일

관리를 마친 마무리 단계에서 네일에 광택을 내는 네일 파일이다.
단계별로 사용하는데 면에 따라 점차 부드러워지며 광택이 난다. 네일의 표면을 비비거나 문질러서 사용한다.

3) 컬러링

컬러링이란 네일 폴리시나 젤 네일 폴리시를 사용하여 네일에 다양한 컬러를 입히는 것으로, 모든 컬러링은 베이스코트를 얇게 도포하고 폴리시를 바르며 광택을 주고 컬러를 보호하는 탑코트를 발라 마무리한다. 다음은 다양한 컬러링 기법과 작업 순서에 대해 알아본다.

(1) 풀코트 컬러링 순서

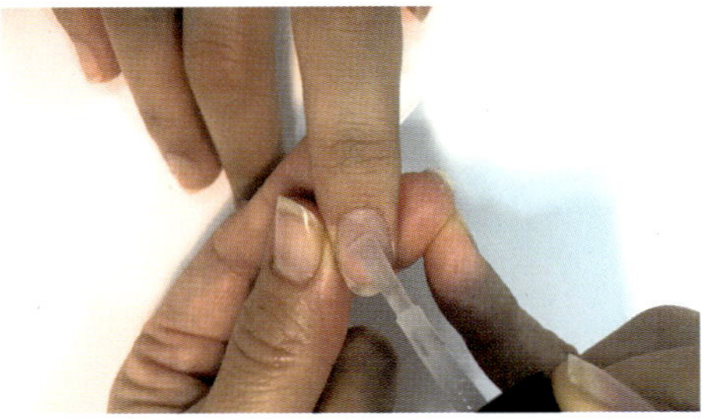

① 베이스 코트를 네일 전체에 1회 도포한다.

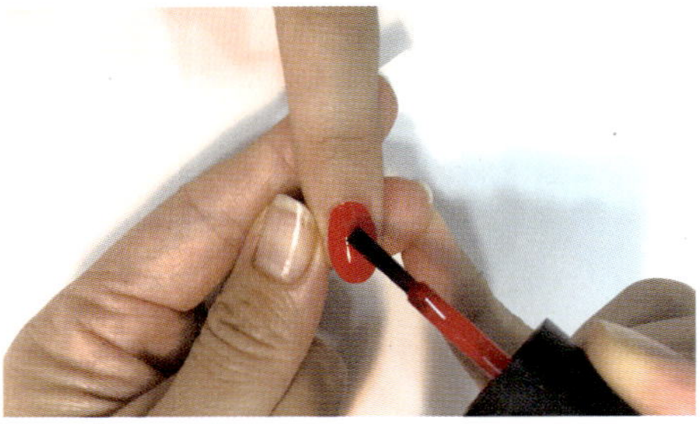

② 레드 네일 폴리시를 1회 도포한다. 네일 크기에 맞게 레드 네일 폴리시의 양을 적절하게 조절하고 브러시의 각도를 45°로 유지하여 프리에지까지 도포한다.

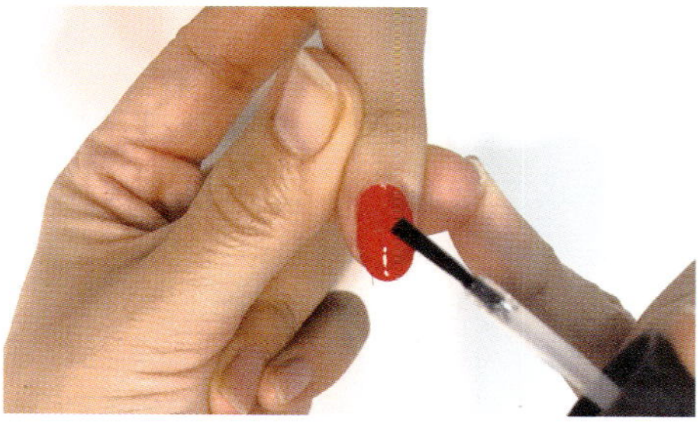

③ 레드 네일 폴리시를 네일 전체에 2회 도포한다.

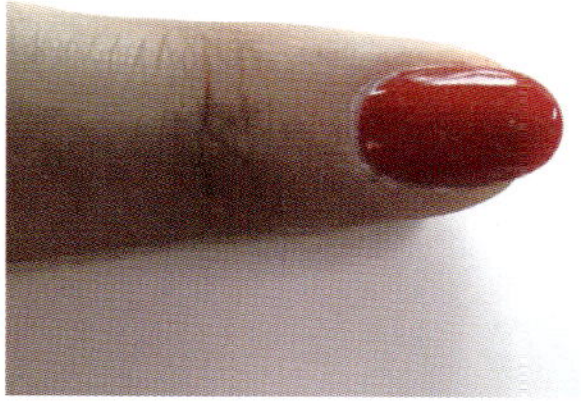

④ 오렌지 우드스틱이나 멸균거즈를 사용하여 수정한 후 탑코트를 네일 전체에 1회 도포한다.

(2) 프렌치 컬러링 순서

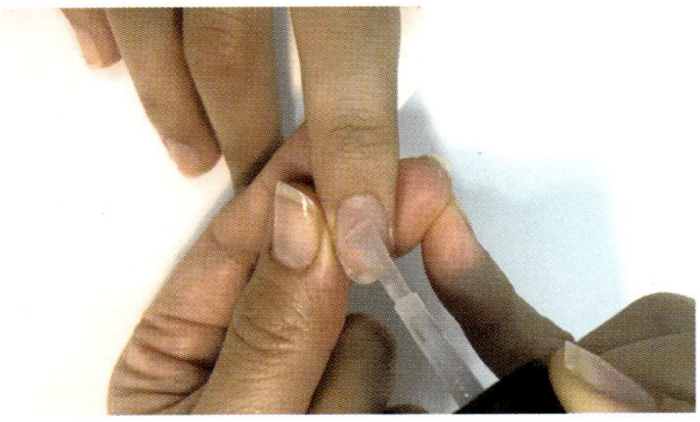

① 베이스 코트를 네일 전체에 1회 도포한다.

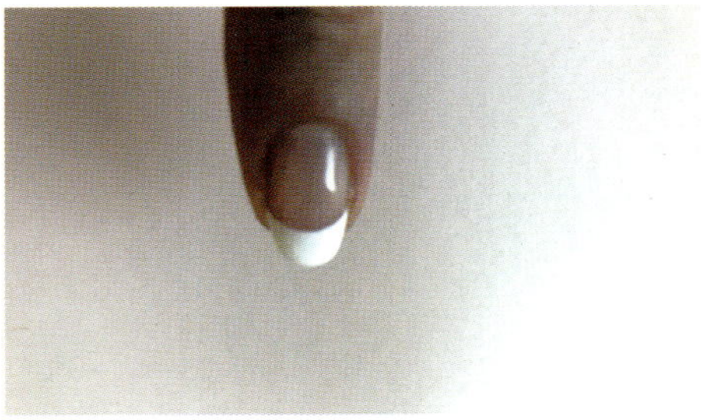

② 화이트 네일 폴리시를 1회 도포한다. 화이트 네일 폴리시의 양을 적절하게 조절하고 브러시의 각도를 45°로 유지하여 프렌치 라인을 도포한다.

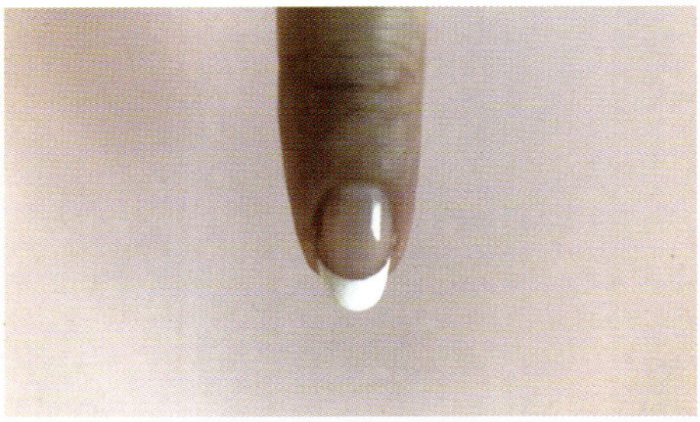

③ 화이트 네일 폴리시를 프렌치 라인에 2회 도포한다.

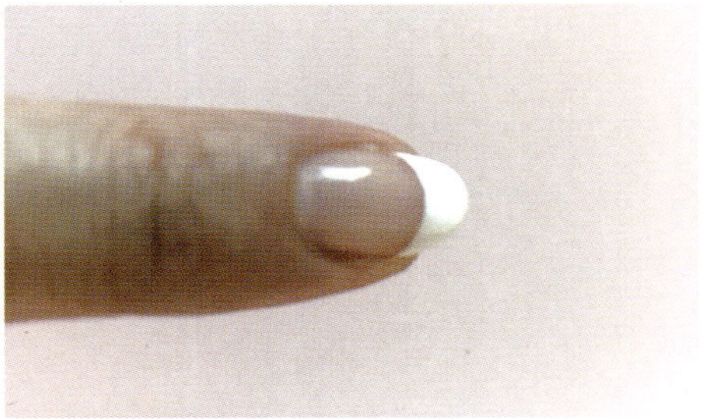

④ 오렌지 우드스틱이나 멸균거즈를 사용하여 수정한 후 탑코트를 네일 전체에 1회 도포한다.

(3) 딥 프렌치 컬러링 순서

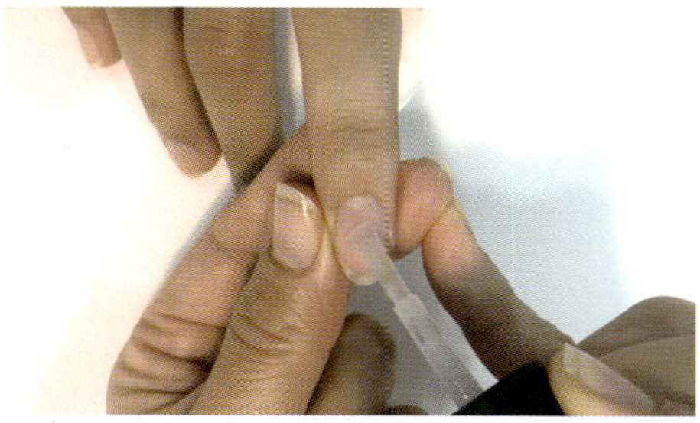

① 베이스 코트를 네일 전체에 1회 도포한다.

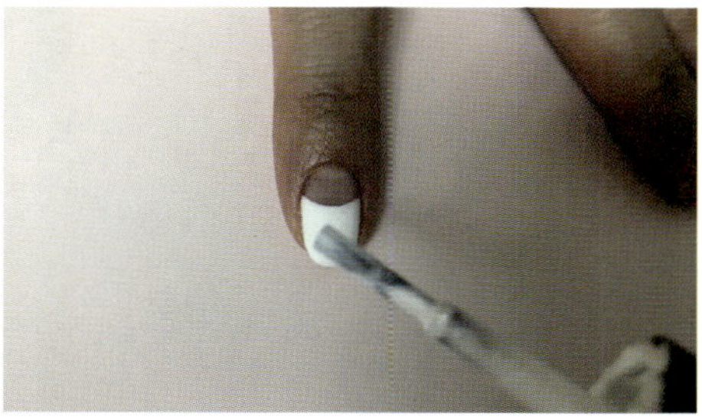

② 화이트 네일 폴리시를 1회 도포한다. 화이트 네일 폴리시의 양을 적절하게 조절하고 브러시의 각도를 45°로 유지하여 딥 프렌치 라인을 도포한다.

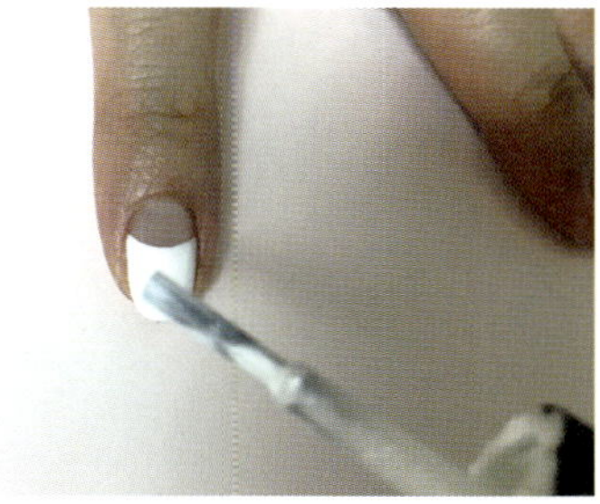

③ 화이트 네일 폴리시를 딥 프렌치 라인에 2회 도포한다.

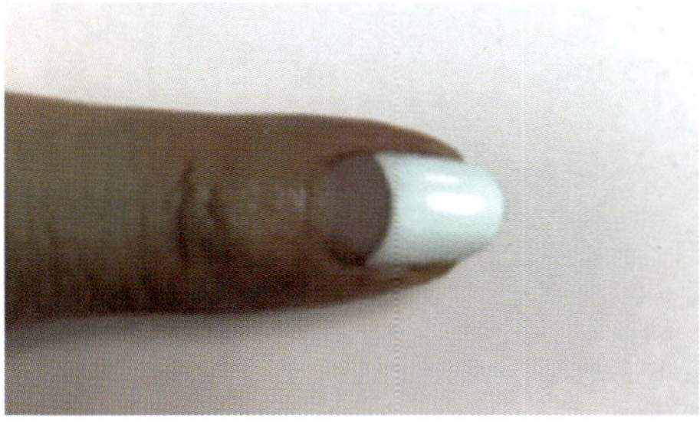

④ 오렌지 우드스틱이나 멸균거즈를 사용하여 수정한 후 탑코트를 네일 전체에 1회 도포한다.

(4) 그라데이션 컬러링 순서

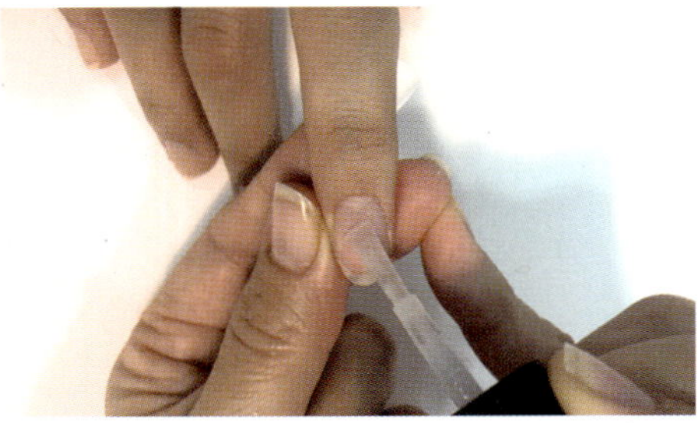

① 베이스 코트를 네일 전체에 1회 도포한다.

② 베이스 코트를 스펀지 윗부분에, 화이트 네일 폴리시를 아랫부분에 도포한다.

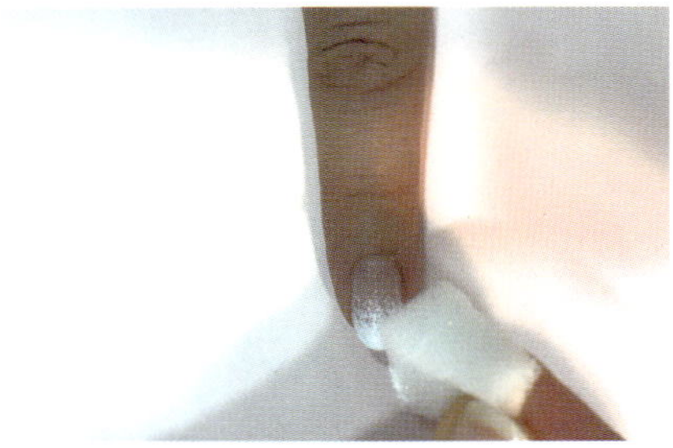

③ 손톱의 각도에 맞춰 스펀지를 위아래로 1회 그라데이션한다.

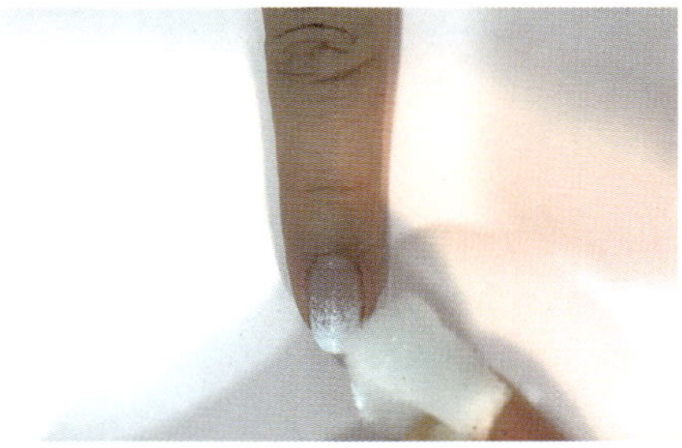

④ 화이트 네일 폴리시만 스펀지 아랫부분에 도포하여 2회 그라데이션한다.

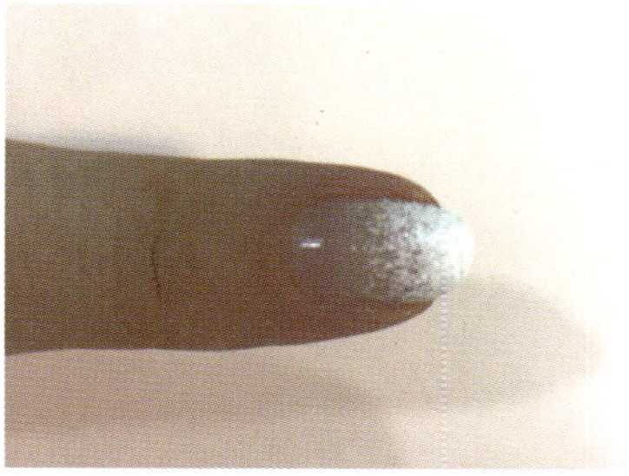

⑤ 오렌지 우드스틱이나 멸균거즈를 사용하여 수정한 후 탑코트를 네일 전체에 1회에 도포한다.

(5) 젤 풀코트 컬러링 순서

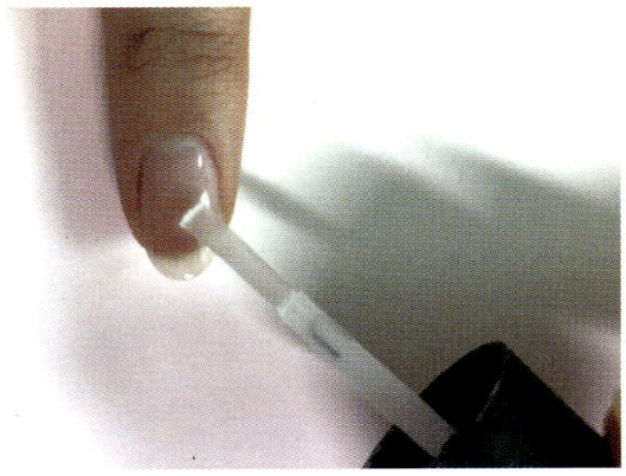

① 베이스 젤을 네일 전체에 1회 도포한다.

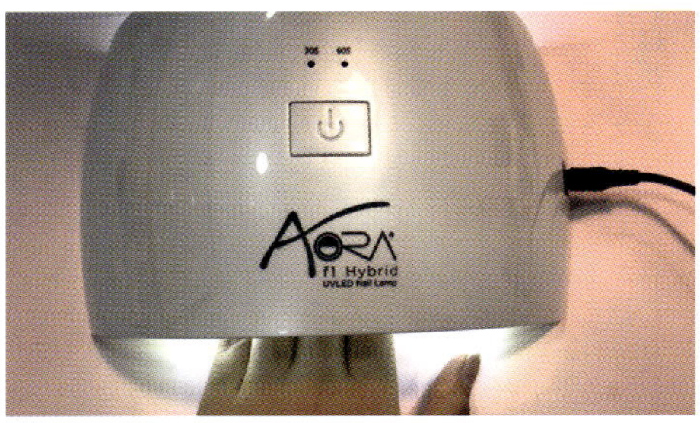

② 젤 램프기기에 경화한다.

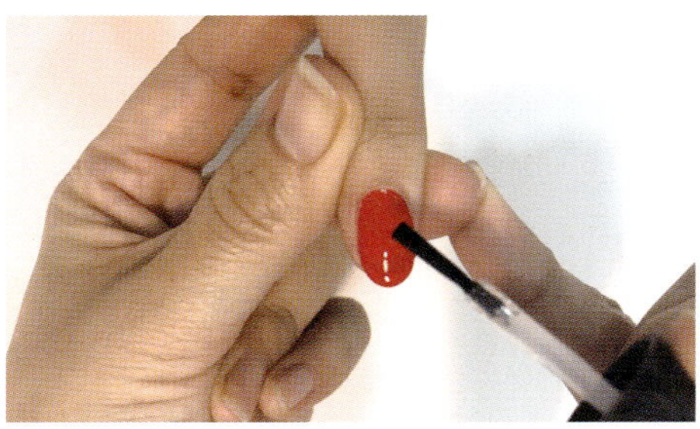

③ 레드 젤 네일 폴리시를 1회 도포한다. 네일 크기에 맞게 레드 젤 네일 폴리시의 양을 적절하게 조절하고 브러시의 각도를 45°로 유지하여 프리에지까지 도포한다.

④ 오렌지 우드스틱이나 멸균거즈를 사용하여 수정한 후 젤 램프기기에 경화한다.

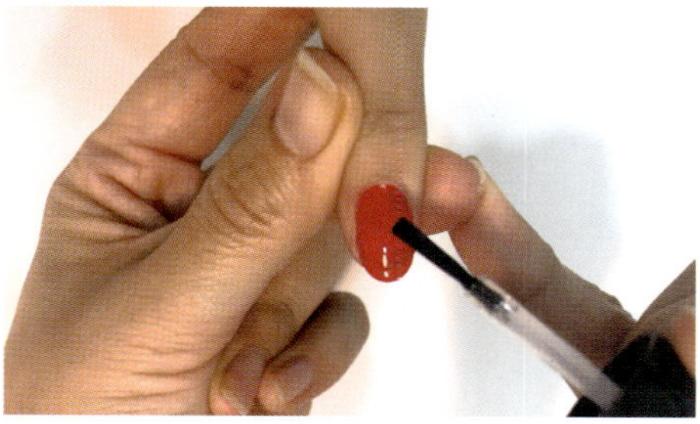

⑤ 레드 젤 네일 폴리시를 네일 전체에 2회 도포한다.

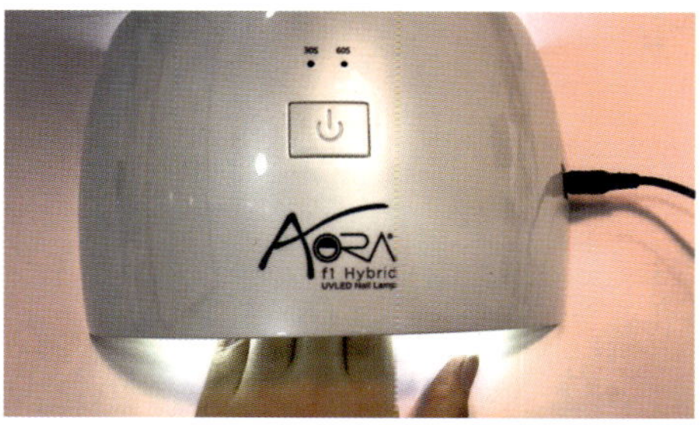

⑥ 오렌지 우드스틱이나 멸균거즈를 사용하여 수정한 후 젤 램프기기에 경화한다.

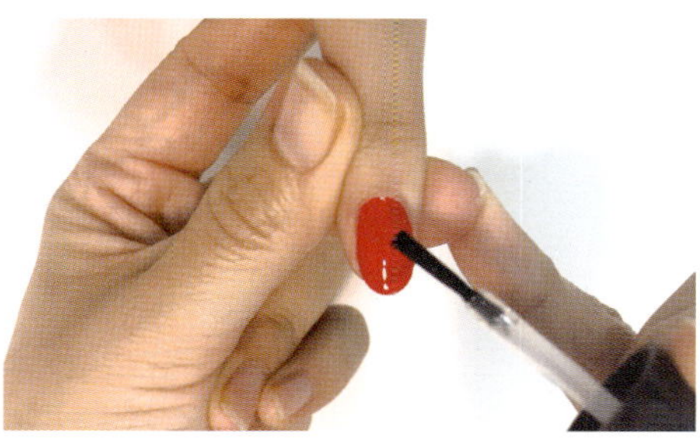

⑦ 탑 젤을 프리에지와 네일 전체에 1회 도포한다.

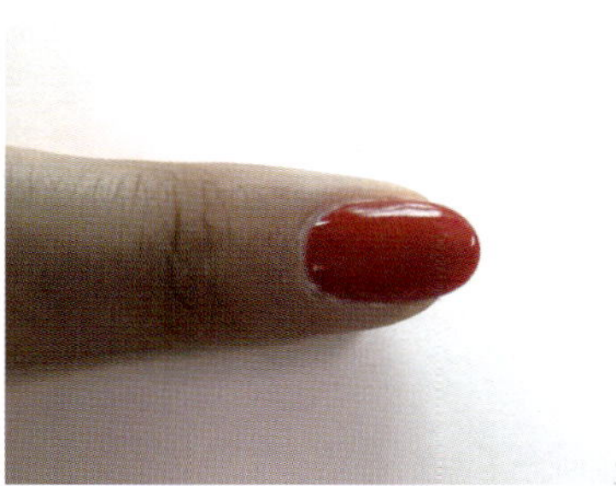

⑧ 젤 램프기기에 경화한 후 젤 크리너로 미경화 젤을 닦아낸다.

Chapter 5

네일 베이직 테크닉

N · A · I · L B · A · S · I · C

Nail Basic Technique

1. 매니큐어

1) 습식 매니큐어 정의

네일 미용의 가장 기본이 되는 시술법으로 핑거볼에 손을 담가 큐티클을 정리하는 손 관리이다.

2) 사전 준비

① 테이블을 소독한다.

② 위생 처리된 흰색 타월을 깔고 그 위에 페이퍼 타월을 깔아 준다.

③ 네일 재료들을 재료정리함에 진열한다.

④ 소독용기 바닥에 솜을 깔고 소독액을 넣어 니퍼, 푸셔, 클리퍼, 오렌지 우드스틱, 더스트 브러시를 담가 둔다.

⑤ 파일꽂이에 우드 파일과 샌딩 파일을 꽂아준다.

⑥ 뚜껑이 있는 용기에 화장솜과 멸균거즈를 넣어둔다.

⑦ 핑거볼에 미온수를 넣어둔다.

⑧ 위생봉지를 테이블 한쪽에 붙인다.

3) 재료 및 도구

흰색 타월	페이퍼 타월	네일 클리퍼	큐티클 연화제
화장솜	파일꽂이	네일 더스트 브러시	베이스 코트
손 소독제	에탄올	샌딩 파일	네일 폴리시
소독용기	오렌지 우드스틱	우드 파일	탑코트
화장솜 용기	큐티클 니퍼	지혈제	네일 폴리시 리무버
위생봉지	큐티클 푸셔	보온병	손목 받침대
핑거볼	마스크		

4) 시술 순서

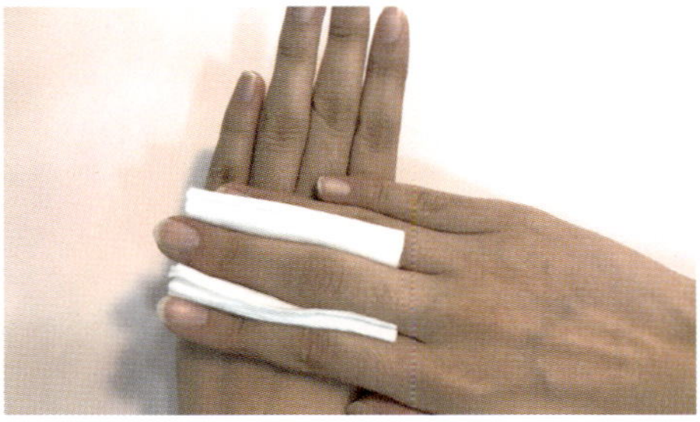

① 시술자 손 소독하기

손 소독제를 솜에 분사하여 시술자의 양손을 소독한다.

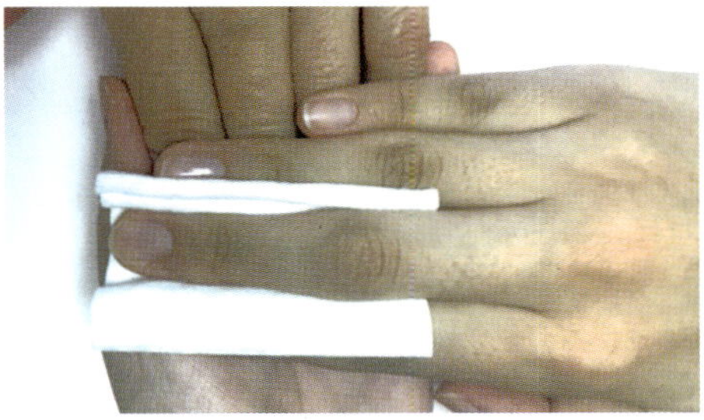

② 고객 손 소독하기

손 소독제를 솜에 분사하여 고객의 손을 소독한다.

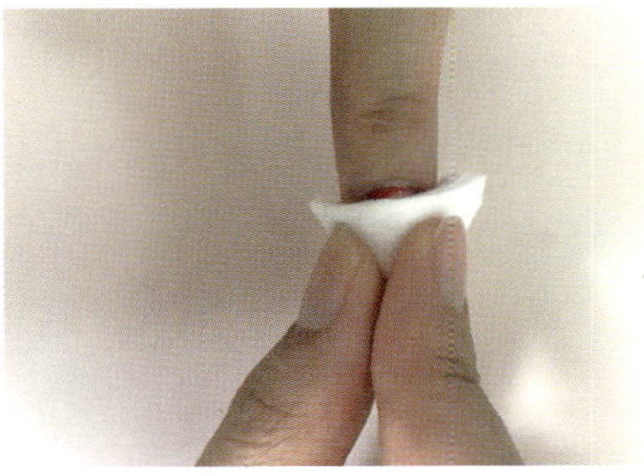

③ 네일 폴리시 제거하기

솜에 리무버를 묻혀 폴리시를 제거한다.

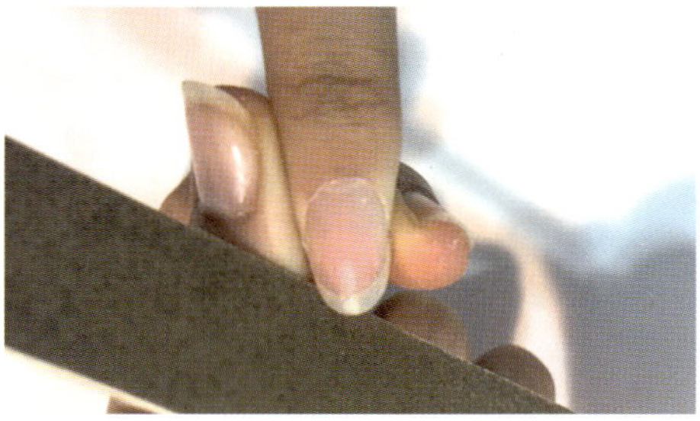

④ 네일 길이 및 모양잡기

우드 파일을 사용하여 라운드 모양으로 만든다. 파일링 시 네일의 손상이 없도록 한 방향으로 다듬는다.

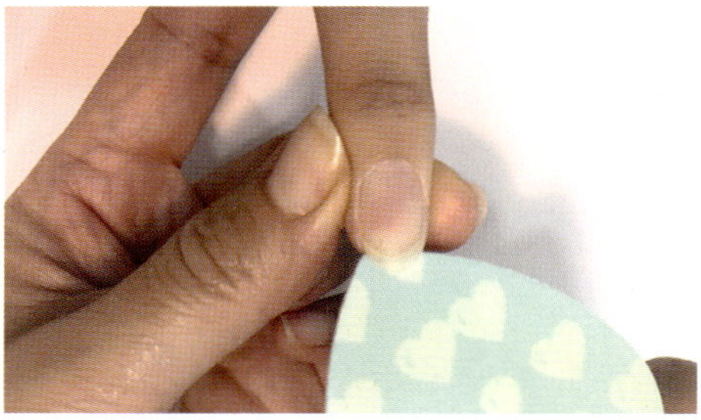

⑤ 거스러미 제거하기

디스크 패드를 사용하여 쉐입 파일링 후 남은 네일 밑 거스러미를 제거한다.

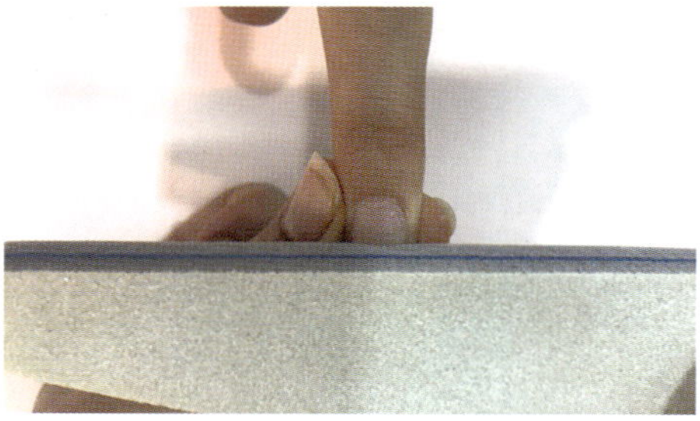

⑥ 표면 샌딩하기

샌딩 파일을 사용하여 네일 표면을 정리한다.

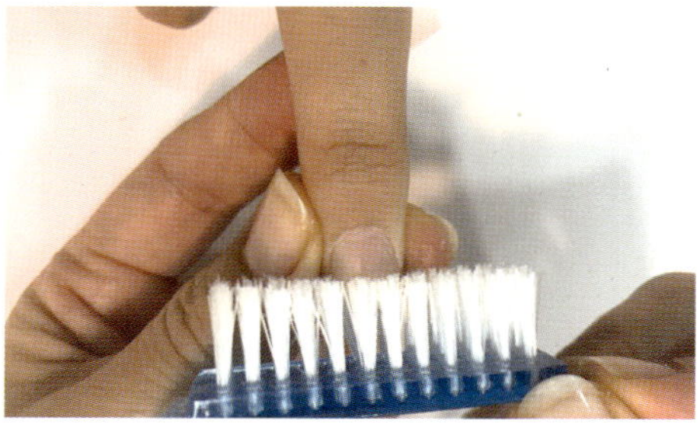

⑦ 분진 제거하기

더스트 브러시를 사용하여 분진을 제거한다.

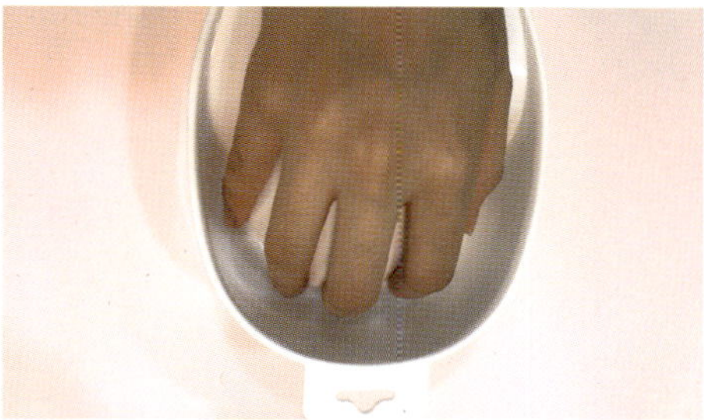

⑧ **핑거볼에 손 담그기**

따뜻한 물이 담긴 핑거볼에 손을 담그고 불린다.

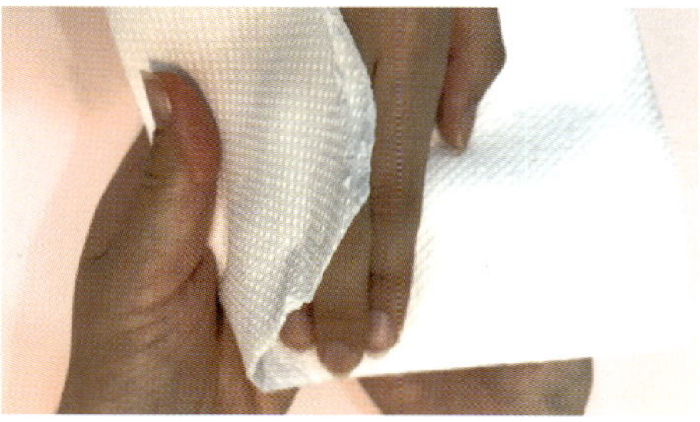

⑨ **물기 제거하기**

핑거볼에서 손을 꺼낸 후 페이퍼 타월을 사용하여 물기를 제거한다.

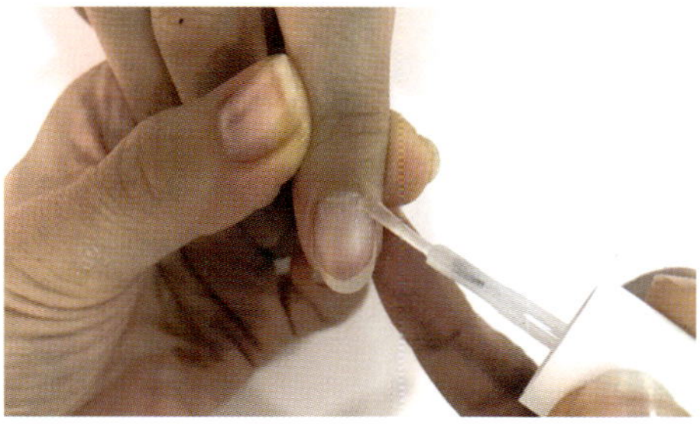

⑩ **큐티클 오일 바르기**

유연해진 큐티클이 마르지 않도록 큐티클 오일을 도포한다.

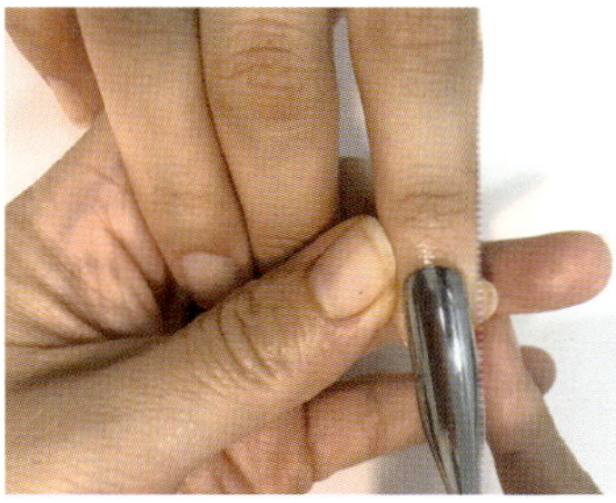

⑪ **큐티클 밀기**

푸셔를 45°의 각도로 사용하여 큐티클을 부드럽게 밀어준다.

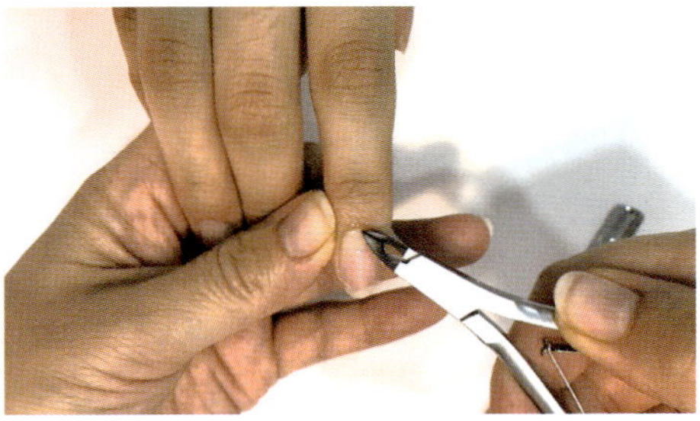

⑫ 큐티클 정리하기

니퍼를 사용하여 지저분한 큐티클을 정리한다.

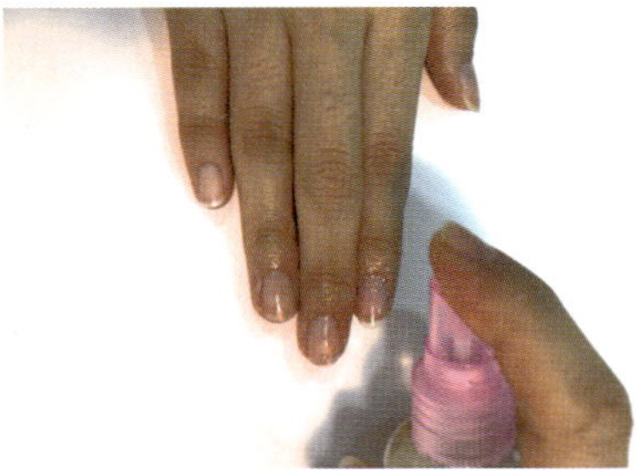

⑬ 소독하기

손 소독제를 분사하여 예민해진 큐티클에 세균 침투를 방지한다.

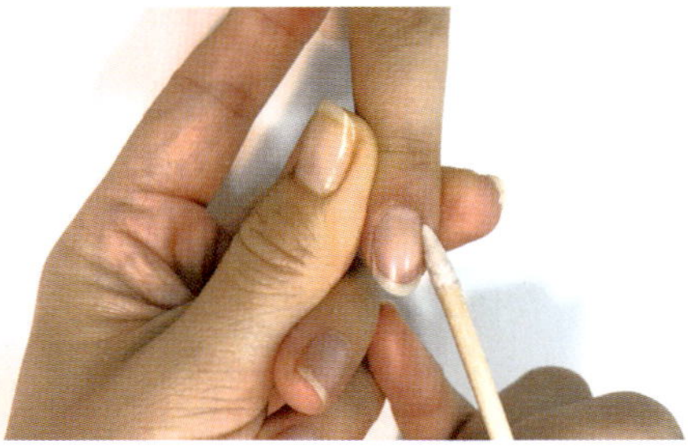

⑭ 유분기 제거하기

오렌지 우드스틱에 솜을 말아 폴리시 리무버를 묻혀 네일의 유분기를 제거한다.

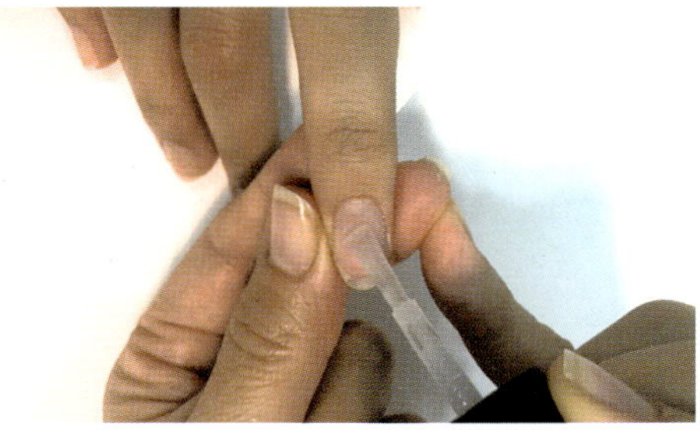

⑮ 베이스 코트 바르기

베이스 코트를 얇게 1회 바른다.

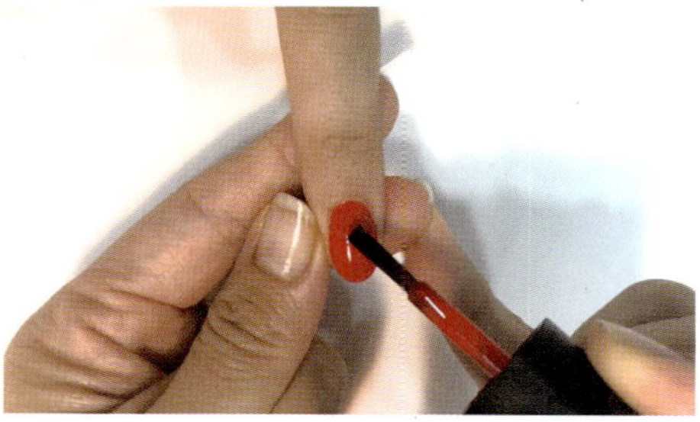

⑯ 네일 폴리시 1회 도포하기

네일 크기에 맞게 레드 네일 폴리시의 양을 적절하게 조절하고 브러시의 각도를 45°로 유지하여 프리에지까지 도포한다.

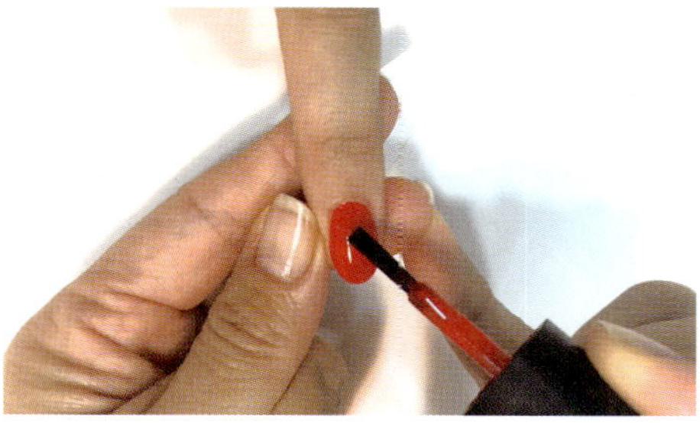

⑰ 네일 폴리시 2회 도포하기

레드 네일 폴리시를 네일 전체에 2회 도포한다.

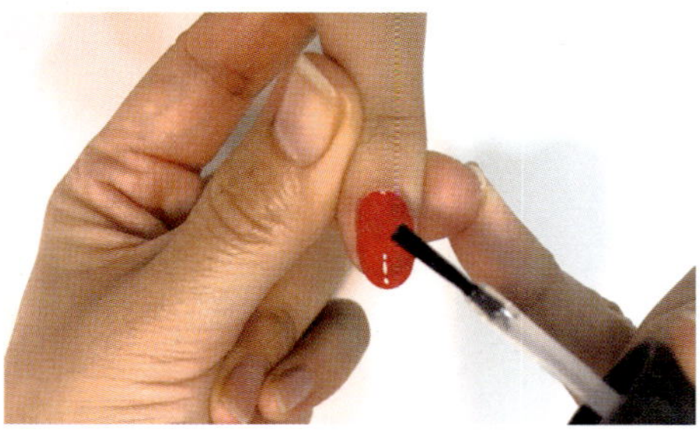

⑱ 탑코트 바르기

네일 주변에 묻은 폴리시를 오렌지 우드스틱에 솜을 말아 수정한 후 탑코트를 1회 바른다.

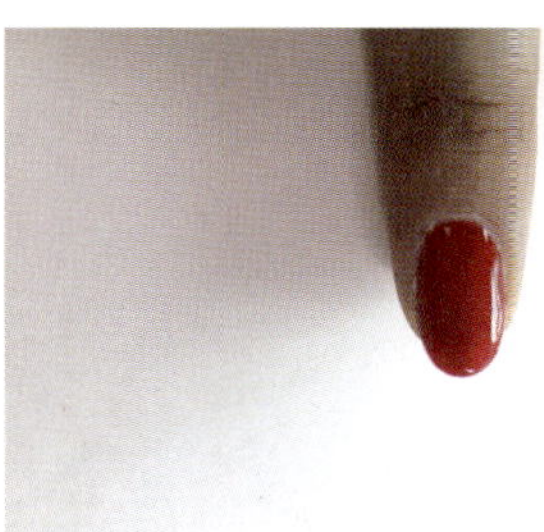

⑲ 완성하기

2. 패디큐어

1) 패디큐어의 정의

발과 발톱을 청결하고 아름답게 가꾸어 주는 전반적인 발 관리이다.

2) 사전 준비

① 테이블을 소독한다.

② 위생 처리된 흰색 타월을 깔고 그 위에 페이퍼 타월을 깔아 준다.

③ 네일 재료들을 재료정리함에 진열한다.

④ 소독용기 바닥에 솜을 깔고 소독액을 넣어 니퍼, 푸셔, 클리퍼, 오렌지 우드스틱, 더스트 브러시를 담가 둔다.

⑤ 파일꽂이에 우드 파일, 샌딩 파일을 꽂아준다.

⑥ 뚜껑이 있는 용기에 화장솜과 멸균거즈를 넣어둔다.

⑦ 족욕기가 없는 경우 분무기를 준비한다.

⑧ 위생봉지를 테이블 한쪽에 붙인다.

3) 재료 및 도구

흰색 타월	페이퍼 타월	네일 클리퍼	큐티클 연화제
화장솜	파일꽂이	네일 더스트 브러시	베이스 코트
손 소독제	에탄올	우드 파일	네일 폴리시
소독용기	오렌지 우드스틱	샌딩 파일	탑코트
화장솜 용기	큐티클 니퍼	지혈제	네일 폴리시 리무버
위생봉지	큐티클 푸셔	보온병	분무기
토세퍼레이터	마스크		

4) 시술순서

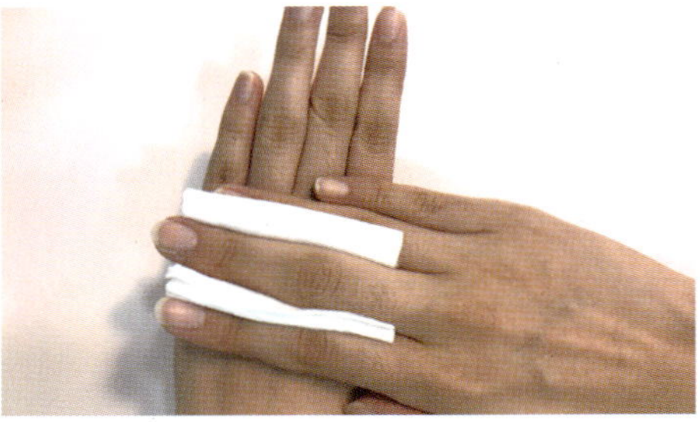

① 시술자 손 소독하기

손 소독제를 솜에 분사하여 시술자의 양손을 소독한다.

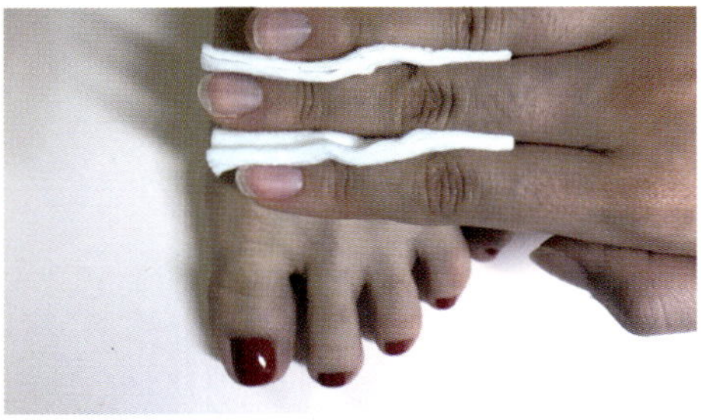

② 고객 발 소독하기

소독제를 솜에 분사하여 고객의 발을 소독한다.

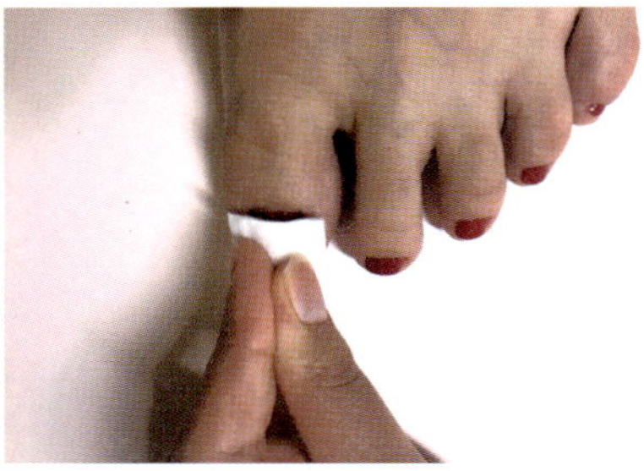

③ 네일 폴리시 제거하기

솜에 리무버를 묻혀 폴리시를 제거한다.

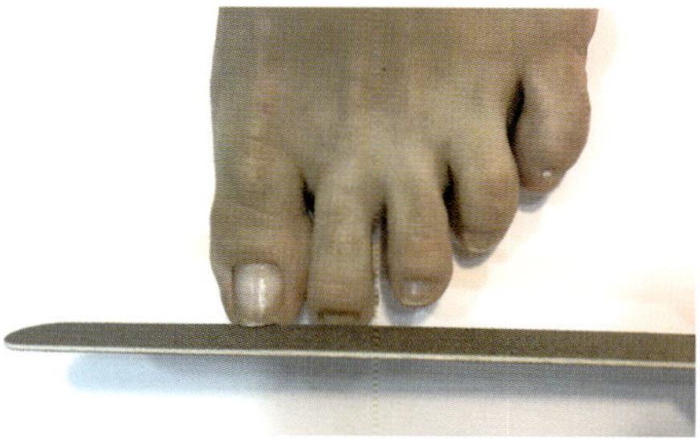

④ 네일 길이 및 모양잡기

우드 파일을 사용하여 라운드 모양으로 만든다. 파일링 시 네일의 손상이 없도록 한 방향으로 다듬는다.

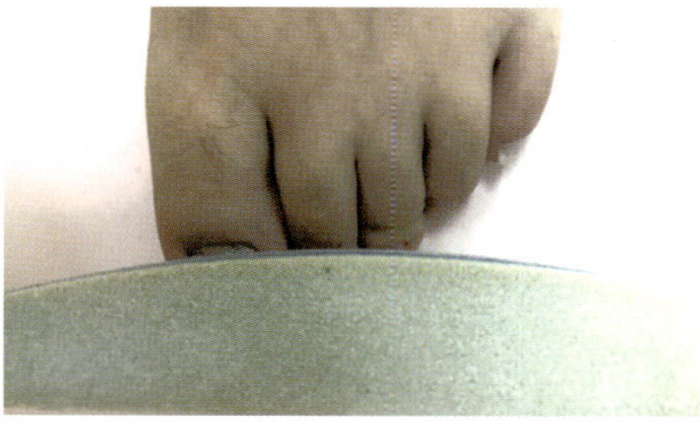

⑤ 표면 샌딩하기

샌딩 파일을 사용하여 네일 표면을 정리한다.

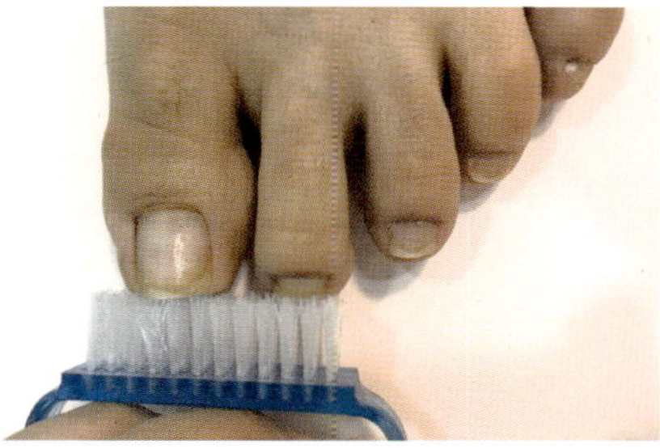

⑥ 분진 제거하기

더스트 브러시를 사용하여 분진을 제거한다.

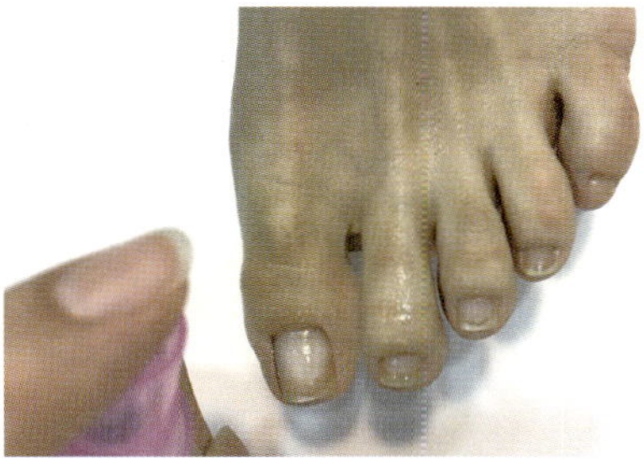

⑦ 물 분무하기

따뜻한 물이 담긴 분무기를 분사한다.

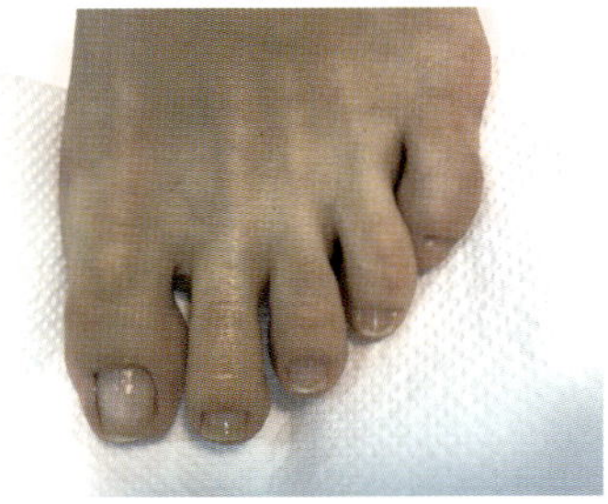

⑧ **물기 제거하기**

페이퍼 타월을 사용하여 물기를 제거한다.

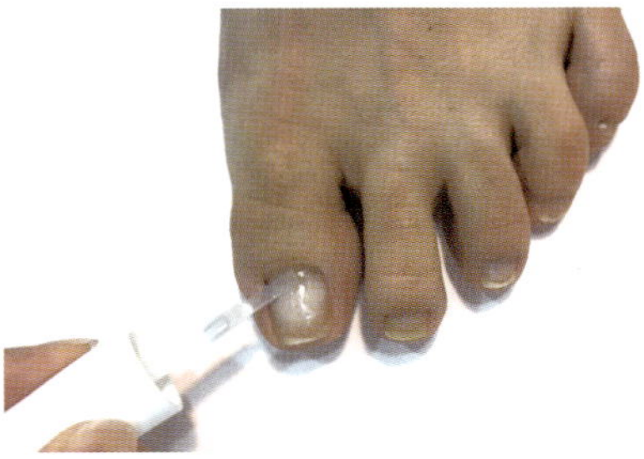

⑨ **큐티클 오일 바르기**

유연해진 큐티클이 마르지 않도록 큐티클 오일을 도포한다.

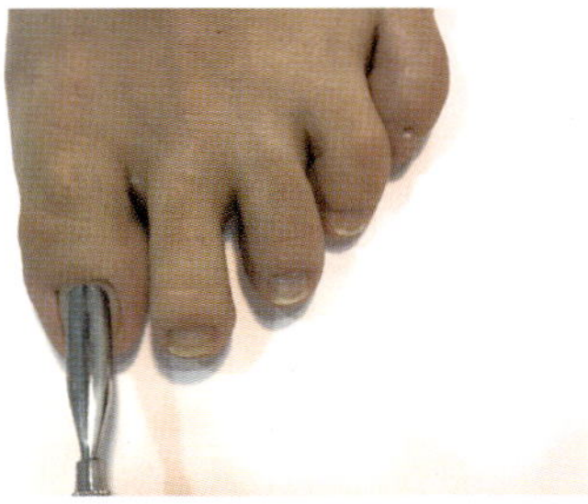

⑩ **큐티클 밀기**

푸셔를 45°의 각도로 사용하여 큐티클을 부드럽게 밀어준다.

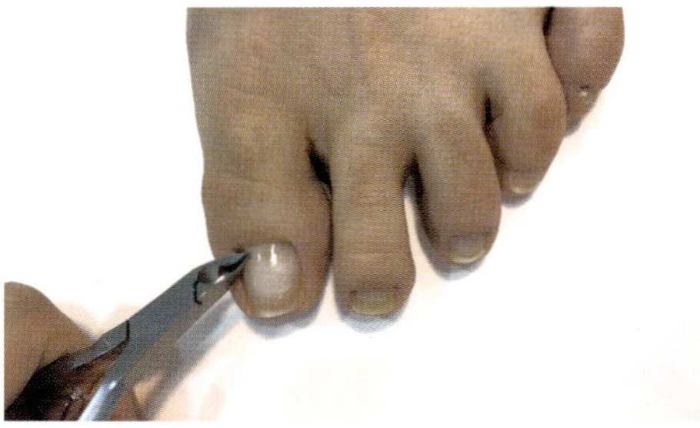

⑪ **큐티클 정리하기**

니퍼를 사용하여 지저분한 큐티클을 정리한다.

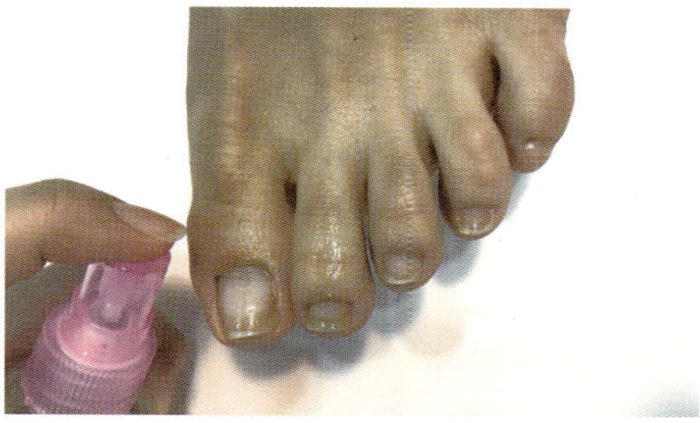

⑫ 소독하기

소독제를 분사하여 예민해진 큐티클에 세균 침투를 방지한다.

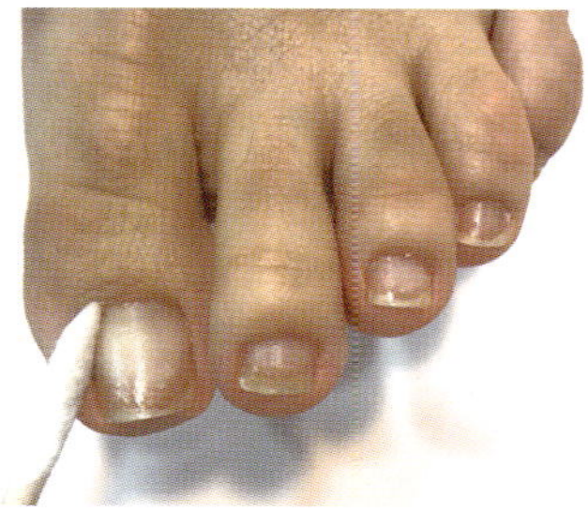

⑬ 유분기 제거하기

오렌지 우드스틱에 솜을 말아 폴리시 리무버를 묻혀 네일의 유분기를 제거한다.

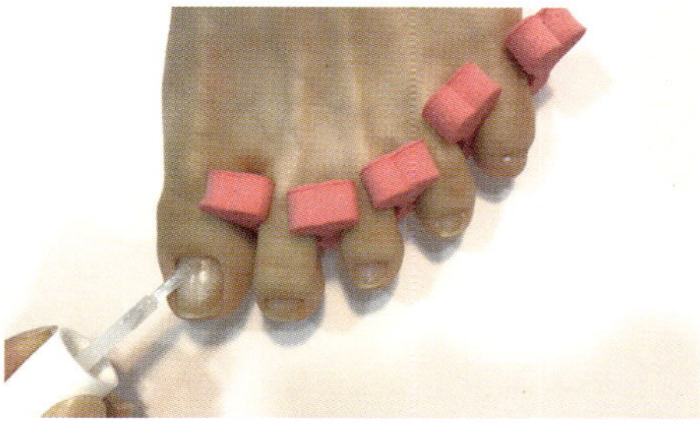

⑭ 베이스 코트 바르기

토 세퍼레이터를 끼우고 베이스 코트를 얇게 1회 바른다.

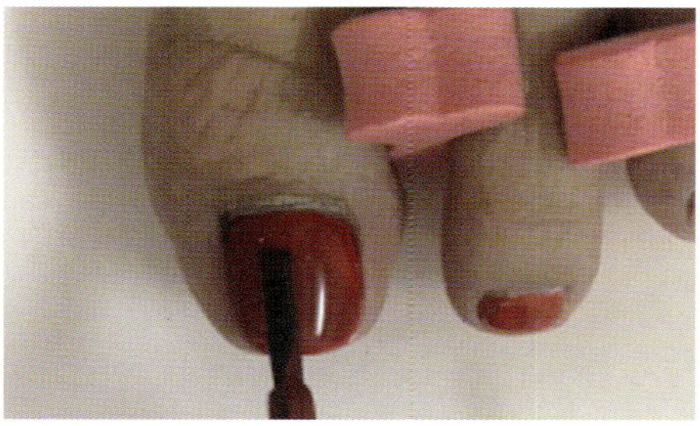

⑮ 네일 폴리시 바르기

폴리시를 2회 얇게 펴서 바른다. 폴리시를 1회 바른 후 프리에지 부분도 발라준다.

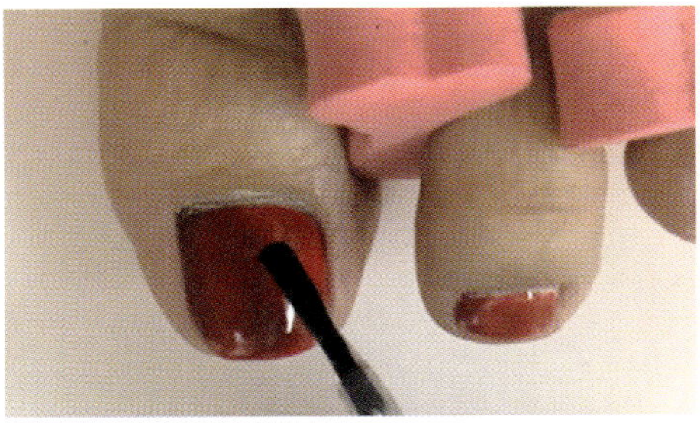

⑯ 탑코트 바르기

네일 주변에 묻은 폴리시를 오렌지 우드스틱에 솜을 말아 수정한 후 탑코트를 1회 바른다.

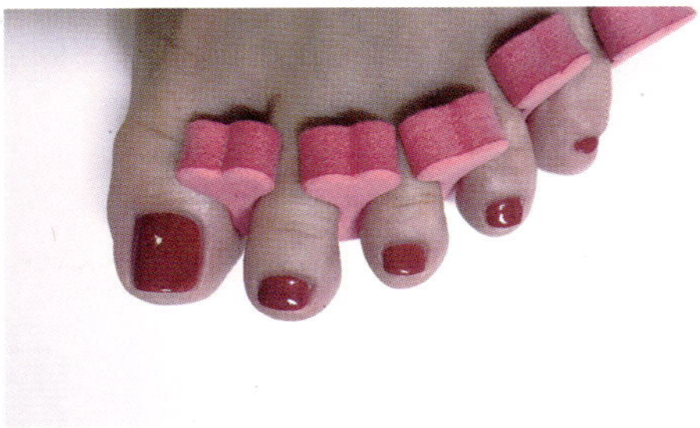

⑰ 완성하기

3. 젤 매니큐어

1) 선 마블링

화이트 젤 폴리시와 러드 젤 폴리시를 사용하여 마블 아트를 디자인한다.

(1) 사전 준비

① 테이블을 소독한다.

② 위생 처리된 흰색 타월을 깔고 그 위에 페이퍼 타월을 깔아 준다.

③ 네일 재료들을 재료정리함에 진열한다.

④ 소독용기 바닥에 솜을 깔고 소독액을 넣어 니퍼, 푸셔, 클리퍼, 오렌지 우드스틱, 더스트 브러시를 담가 둔다.

⑤ 파일꽂이에 우드 파일, 샌딩 파일을 꽂아준다.

⑥ 뚜껑이 있는 용기에 화장솜과 멸균거즈를 넣어둔다.

⑦ 위생봉지를 테이블 한쪽에 붙인다.

(2) 재료 및 도구

흰색 타월	페이퍼 타월	레드 젤 폴리시	탑 젤
화장솜	파일꽂이	화이트 젤 폴리시	위생봉지
손 소독제	에탄올	젤 램프기기	더스트 브러시
소독용기	오렌지 우드스틱	젤 아트용 브러시	젤 파레트
화장솜 용기	젤 클리너	베이스 젤	손목 받침대

※ 프레퍼레이션preparation (자연 네일의 전처리)

자연 네일의 길이 조절, 모양 잡기, 각질 · 광택 · 먼지 등을 제거하여 젤 마블링의 지속력을 높여준다.

(3) 시술순서

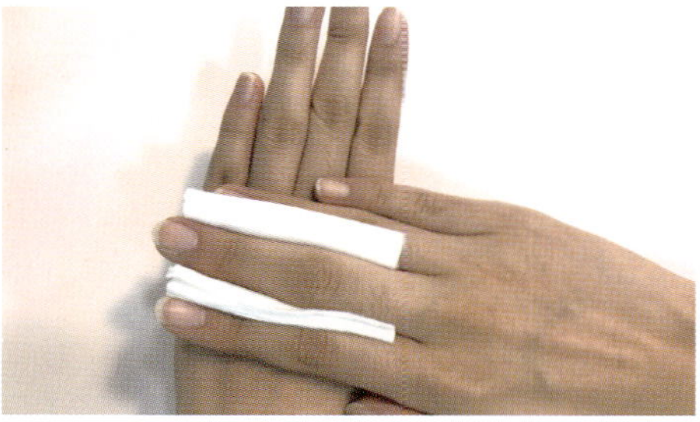

① 시술자 손 소독하기

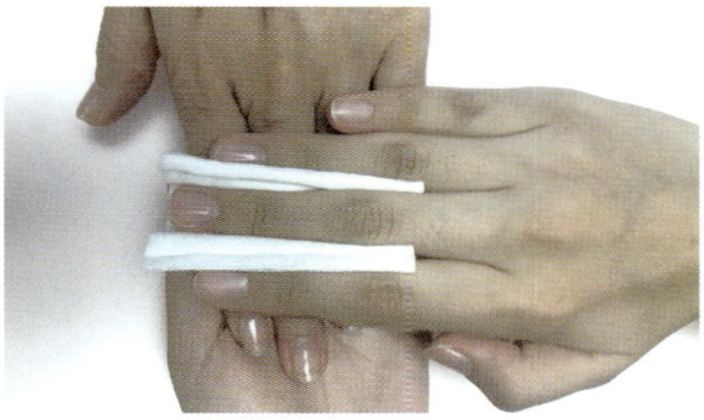

② 고객 손 소독하기

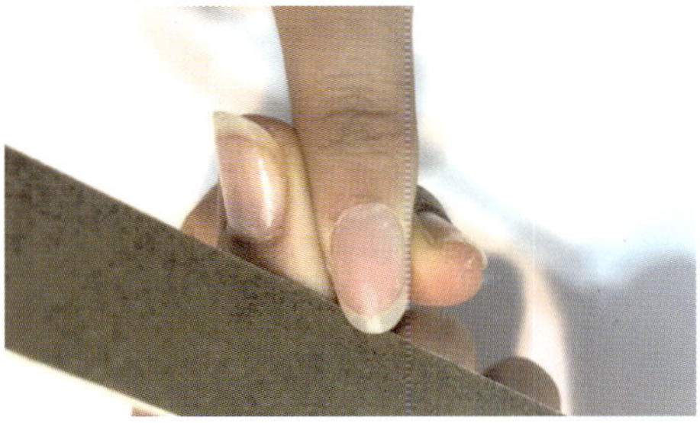

③ 네일 길이 및 모양잡기

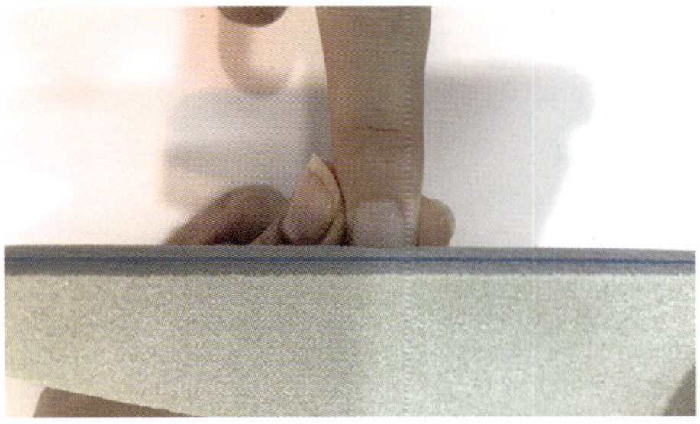

④ 표면 샌딩하기

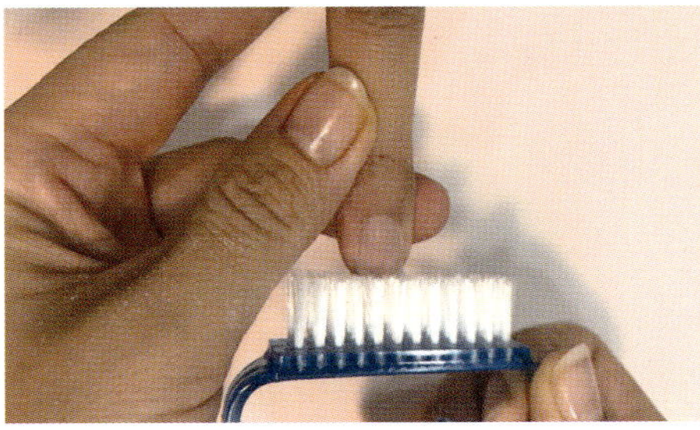

⑤ 분진 제거하기

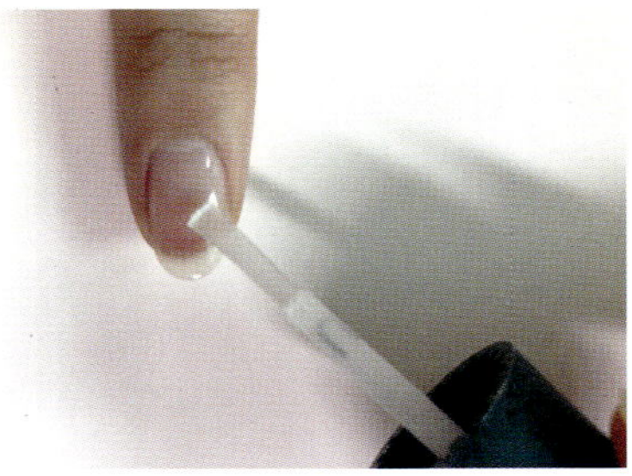

⑥ 베이스 젤 바르기

피부에 닿지 않게 베이스 젤을 바른다.

⑦ 큐어링 하기

젤 램프에 베이스 젤을 경화시키고 큐어링 후 미경화 젤을 닦아 준다.

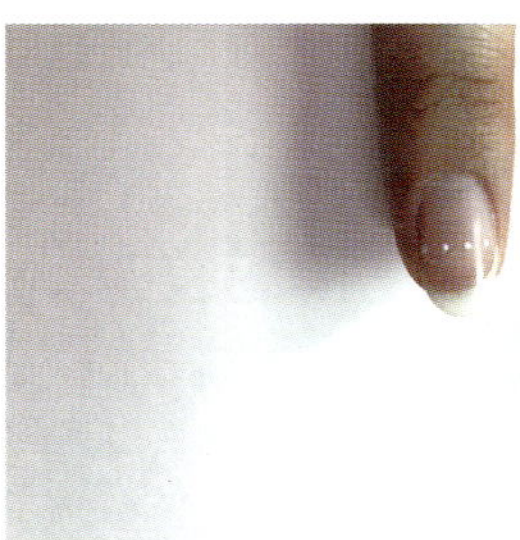

⑧ 가이드 선 그리기

화이트 젤 폴리시를 이용하여 손톱 표면에 가이드 선을 그린다.

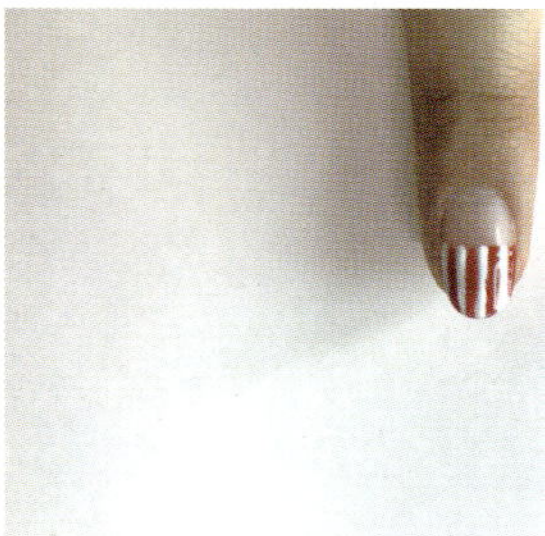

⑨ 화이트 젤과 레드 젤 교차 도포하기

화이트 젤과 레드 젤을 번갈아 가며 총 8개의 교차된 세로선을 도포한다.

(단, 5지의 경우 세로선 6줄 작업 가능)

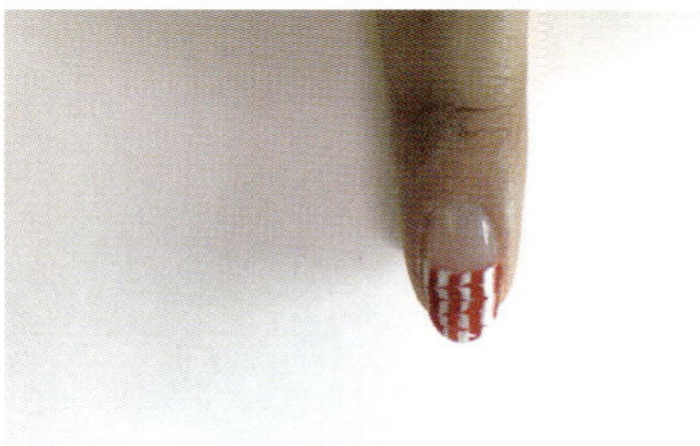

⑩ 선 마블링하기

마블링 가로 교차선은 5줄이며 마블링을 표현하는 첫 번째 가로선은 라인을 쓸어내주면서 완만한 곡선을 만들어 준다.

(단, 5지의 경우 가로 교차선 3줄 가능)

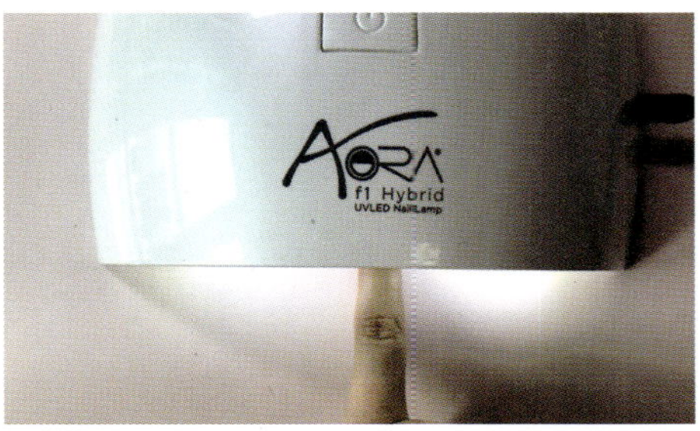

⑪ 큐어링하기

젤 램프에 마블 젤을 경화시킨다.

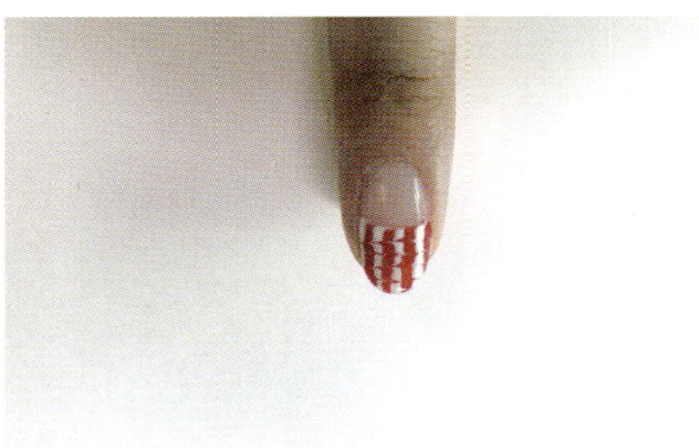

⑫ 탑 젤 바르기

마무리 단계로 탑 젤을 바르고 젤 램프에서 큐어링 한다.

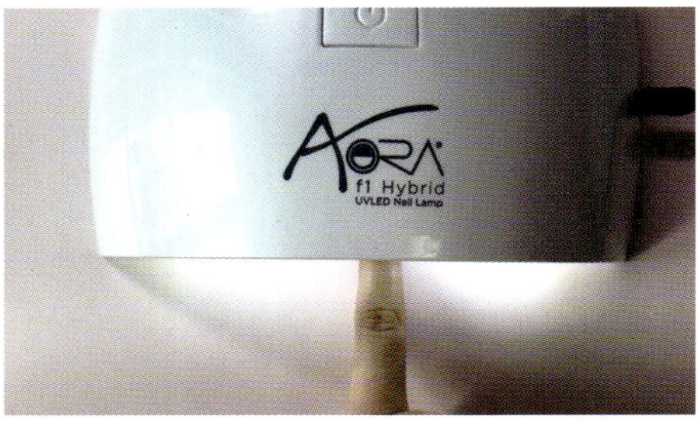

⑬ 큐어링하기

젤 램프에 마블 젤을 경화시킨 후 젤 클리너로 미경화 젤을 닦아낸다.

2) 부채꼴 마블링

화이트 젤 폴리시와 레드 젤 폴리시를 사용하여 마블 아트를 디자인한다.

(1) 사전 준비

① 테이블을 소독한다.

② 위생 처리된 흰색 타월을 깔고 그 위에 페이퍼 타월을 깔아 준다.

③ 네일 재료들을 재료정리함에 진열한다.

④ 소독용기 바닥에 솜을 깔고 소독액을 넣어 니퍼, 푸셔, 클리퍼, 오렌지 우드스틱, 더스트 브러시를 담가 둔다.

⑤ 파일꽂이에 우드 파일, 샌딩 파일을 꽂아준다.

⑥ 뚜껑이 있는 용기에 화장솜과 멸균거즈를 넣어둔다.

⑦ 위생봉지를 테이블 한쪽에 붙인다.

(2) 재료 및 도구

흰색 타월	페이퍼 타월	레드 젤 폴리시	탑 젤
화장솜	파일꽂이	화이트 젤 폴리시	위생봉지
손 소독제	에탄올	젤 램프기기	더스트 브러시
소독용기	오렌지 우드스틱	젤 아트용 브러시	젤 파레트
화장솜 용기	젤 클리너	베이스 젤	손목 받침대

※ 프레퍼레이션preparation (자연 네일의 전처리)

자연 네일의 길이 조절, 모양 잡기, 각질 · 광택 · 먼지 등을 제거하여 젤 마블링의 지속력을 높여준다.

(3) 시술순서

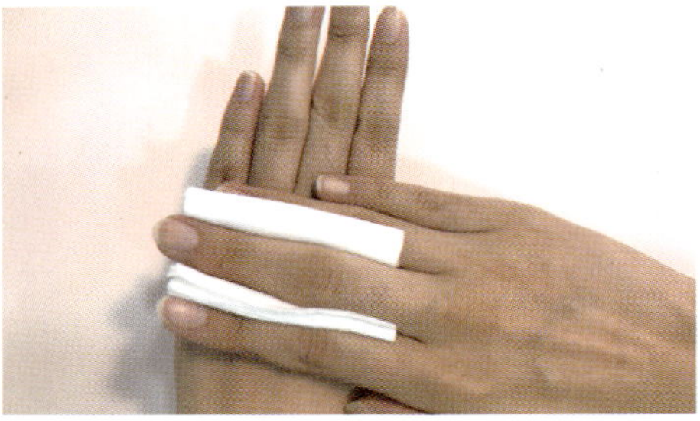

① 시술자 손 소독하기

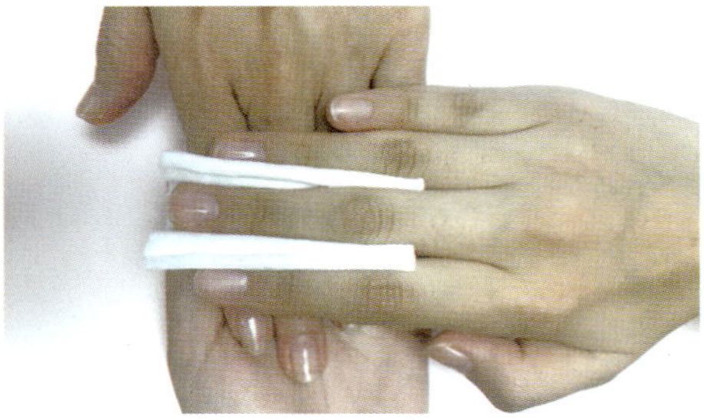

② 고객 손 소독하기

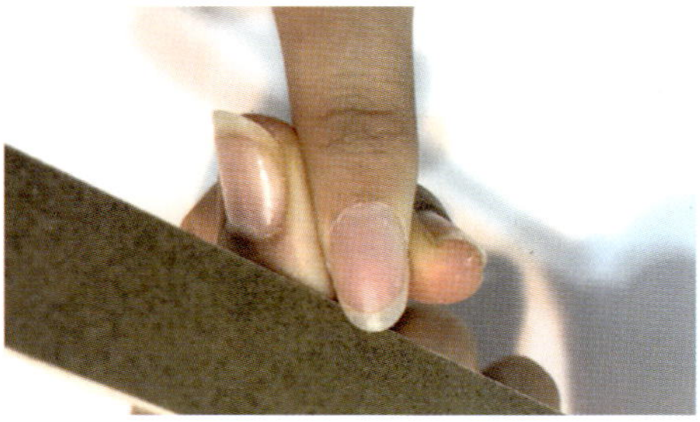

③ 네일 길이 및 모양잡기

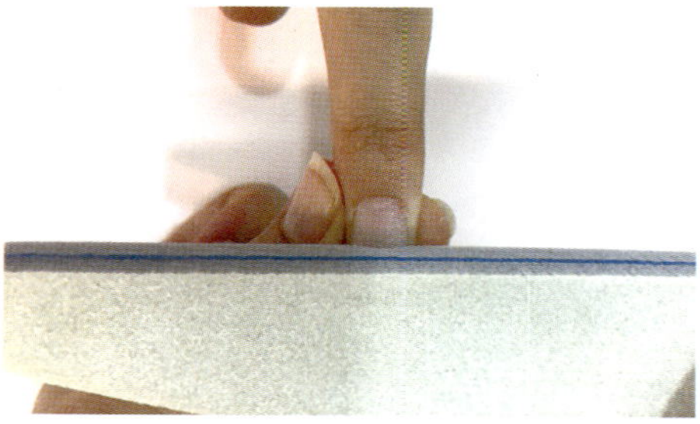

④ 표면 샌딩하기

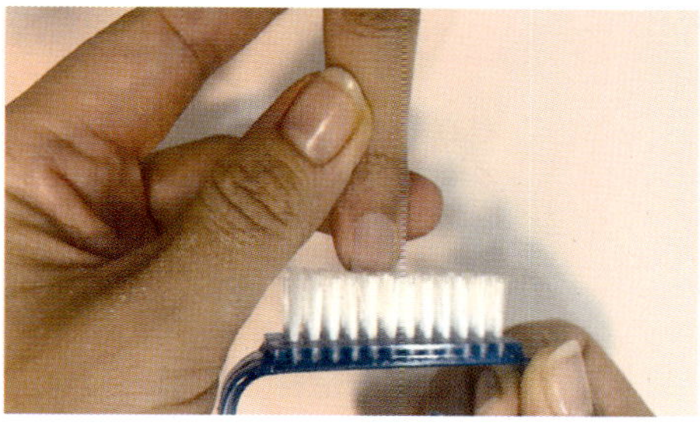

⑤ 분진 제거하기

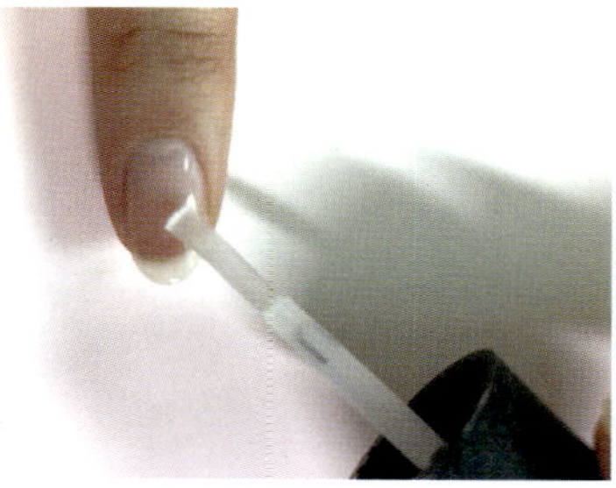

⑥ 베이스 젤 바르기

피부에 닿지 않게 베이스 젤을 바른다.

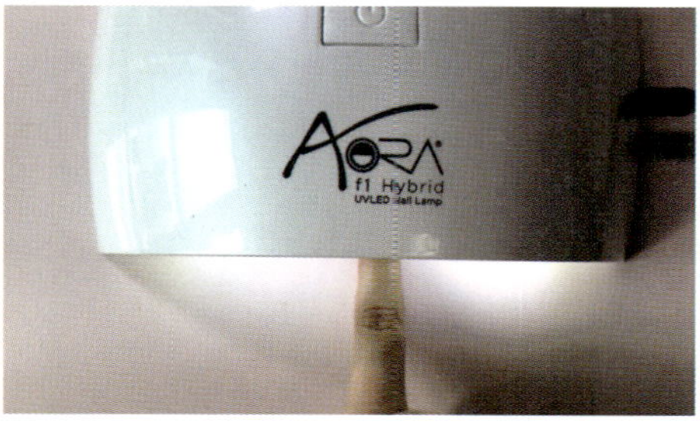

⑦ 큐어링 하기

젤 램프에 베이스 젤을 경화시키고 큐어링 후 미경화 젤을 닦아준다.

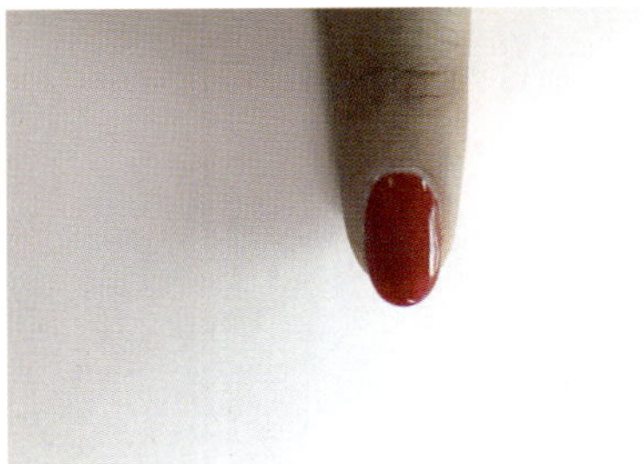

⑧ 레드 젤 폴리시 바르기

레드 젤 폴리시를 사용하여 손톱 표면과 프리에지 끝부분에 풀코트한다.

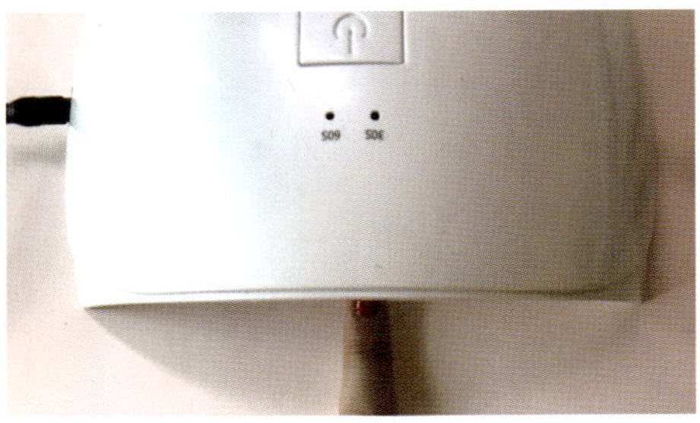

⑨ 큐어링 하기

젤 램프에 레드 젤 폴리시를 경화시키고 큐링 후 미경화 젤을 닦아준다.

⑩ 화이트 반원 그리기

화이트 젤 폴리시를 사용하여 화이트 4선을 반원의 형태로 그려준다.

⑪ 레드 반원 그리기

레드 젤 폴리시를 사용하여 화이트 선 사이에 레드 3선을 그려 넣어준다.(단, 5지의 경우 가로선 총 5줄 작업 가능)

⑫ 부채꼴 세로선 마블링하기

마블링을 표현하는 선은 구심점을 중심으로 7개의 세로선을 그려준다.

(단, 5지의 경우 세로선 5줄 작업 가능)

⑬ 큐어링하기

젤 램프에 마블 젤을 경화시킨다.

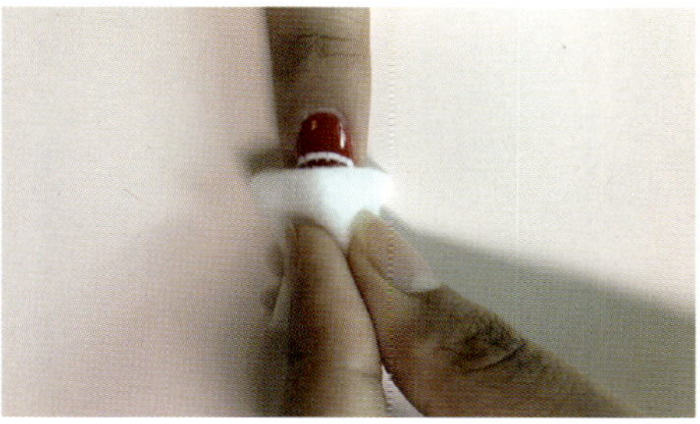

⑭ 미경화 젤 닦아주기

큐어링 후 미경화 젤을 닦아준다.

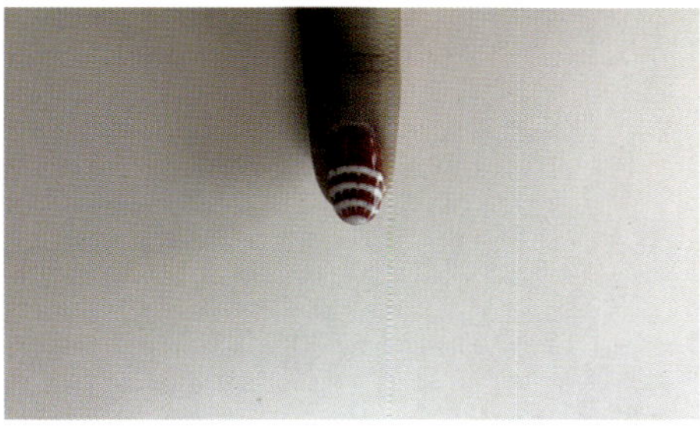

⑮ 탑 젤 바르기

마무리 단계로 탑 젤을 바른다.

⑯ 큐어링 하기

젤 램프에 탑 젤을 경화시킨다.

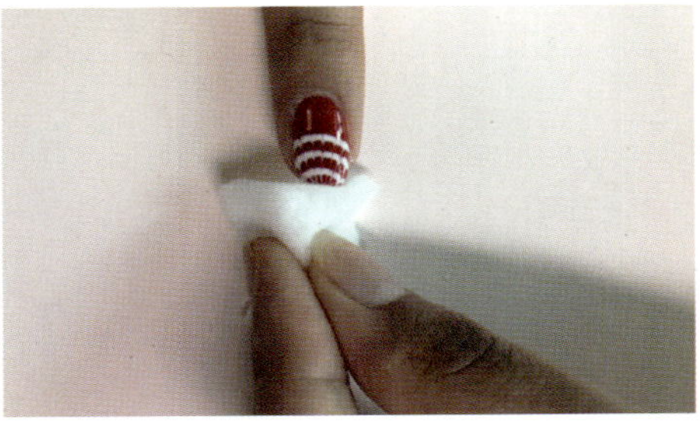

⑰ 젤 클리너로 닦아주기

큐어링 후 젤 클리너를 이용하여 끈적이는 미경화 젤을 닦아준다.

4. 팁 위드 파우더

1) 팁 위드 파우더의 정의

자연 네일을 인위적으로 인조 팁을 이용해 길이를 연장하고 형태를 교정해 주는 시술로, 인조 손톱을 글루나 필러파우더를 이용하여 자연 네일에 붙여 오버레이해주는 시술 방법이다.

인조 팁은 플라스틱, 나일론, 아세테이트 재질로 만들어진 것으로 약한 자연 네일을 보호하는 기능을 한다.

2) 사전 준비

① 테이블을 소독한다.

② 위생 처리된 흰색 타월을 깔고 그 위에 페이퍼 타월을 깔아 준다.

③ 네일 재료들을 재료정리함에 진열한다.

④ 소독용기 바닥에 솜을 깔고 소독액을 넣어 니퍼, 푸셔, 클리퍼, 오렌지 우드스틱, 더스트 브러시를 담가 둔다.

⑤ 파일꽂이에 자연 네일용 파일, 인조 네일용 파일, 샌딩 파일, 팁 커터를 꽂아 준다.

⑥ 뚜껑이 있는 용기에 화장솜과 멸균거즈를 넣어둔다.

⑦ 위생봉지를 테이블 한쪽에 붙인다.

3) 재료 및 도구

흰색 타월	페이퍼 타월	클리퍼	큐티클 오일
화장솜	파일꽂이	더스트 브러시	팁 커터
손 소독제	에탄올	네일용 파일	네일 팁
소독용기	오렌지 우드스틱	광택용 파일	글루
화장솜 용기	필러파우더	지혈제	젤 글루
위생봉지	글루 드라이	손목 받침대	마스크

※ 프레퍼레이션preparation (자연 네일의 전처리)

인조 네일 시술 전에 반드시 해야 하는 전처리 과정으로 자연 네일의 유 · 수분을 제거하여 세균의 번식을 억제하고 인조 네일의 들뜸 현상을 방지하기 위한 사전 작업이다.

인조 네일의 지속력과 접착력을 높여주기 위해 프레퍼레이션 작업은 꼭 필요한 작업이다.

4) 시술순서

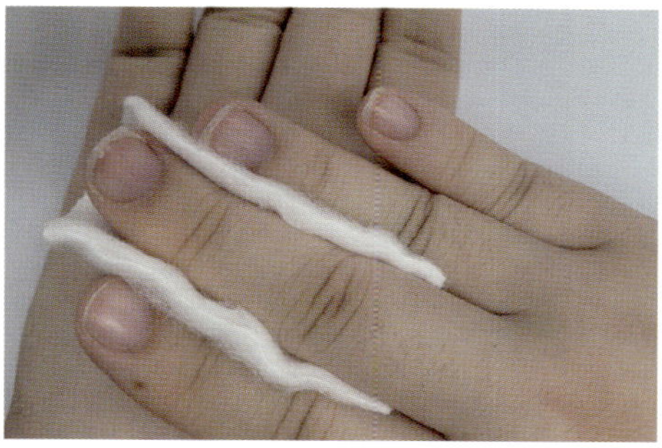

① 시술자 손 소독하기

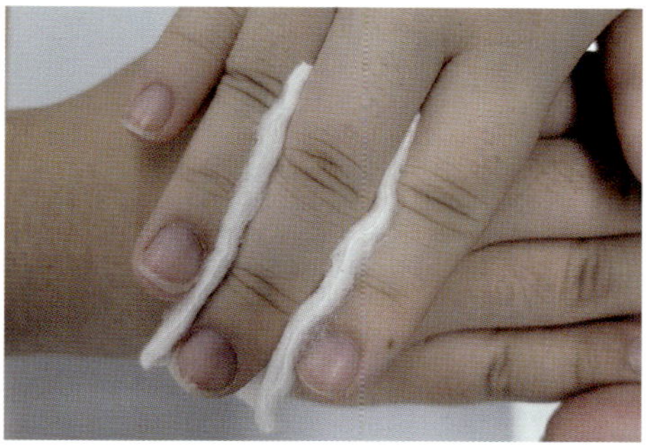

② 고객 손 소독하기

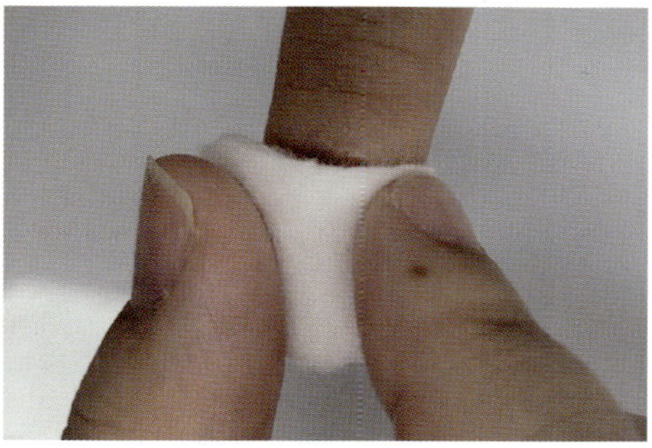

③ 네일 폴리시 제거하기

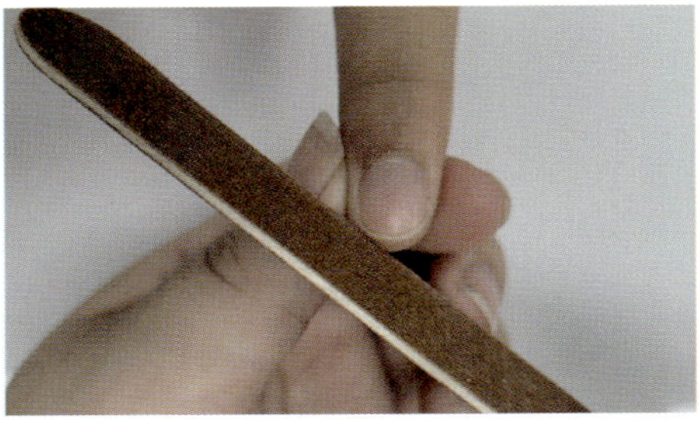

④ 네일 길이 및 모양잡기

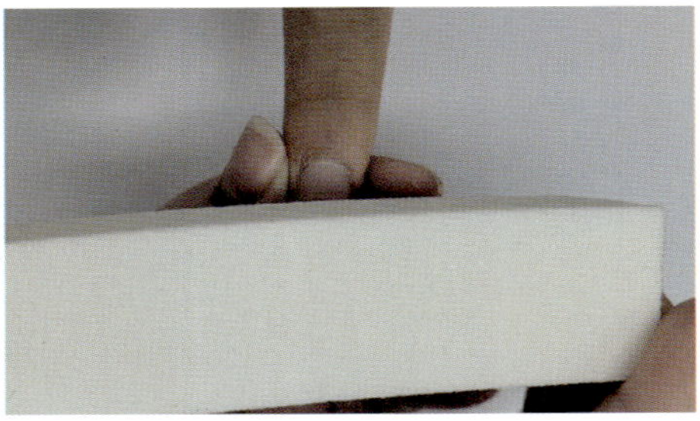

⑤ 표면 샌딩하기

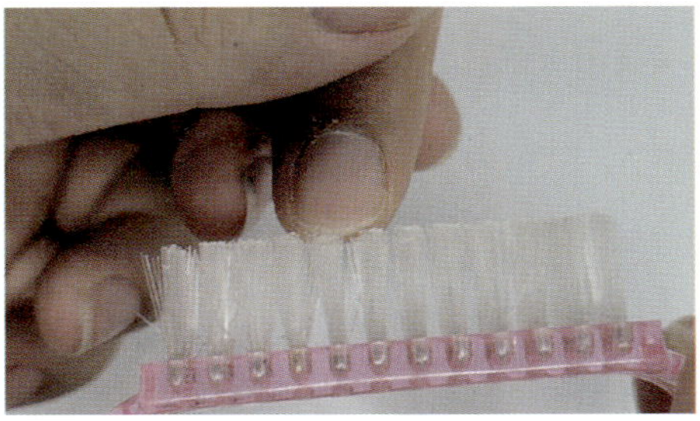

⑥ 분진 제거하기

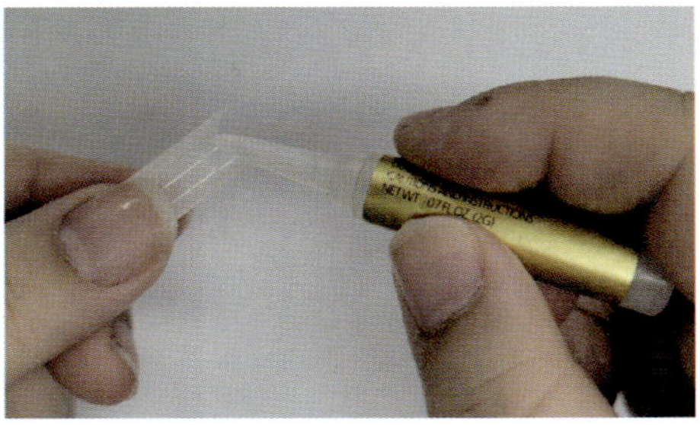

⑦ 글루 바르기

네일 팁을 선택하고 팁 웰 부분에 글루를 바른다.

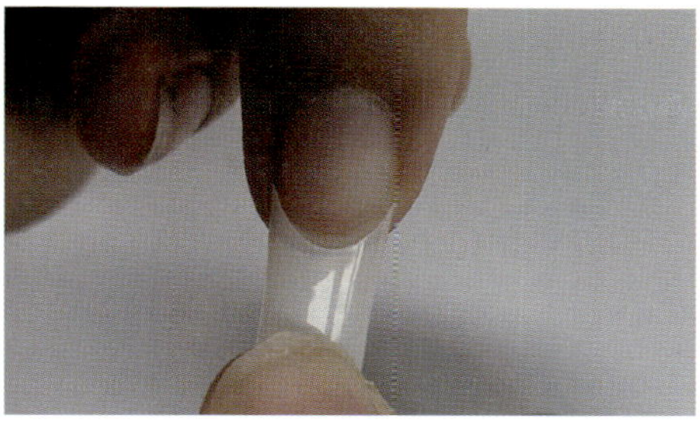

⑧ 네일 팁 접착하기

레귤러 팁을 젤 글루나 스틱 글루를 이용하여 팁의 웰 라인과 자연 네일의 프리에지 라인이 맞게 45° 각도로 틀어지지 않도록 부착한다.

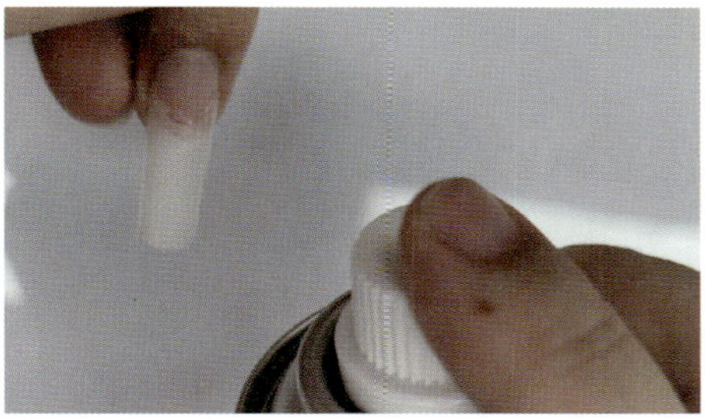

⑨ 글루 드라이 분사하기

빠르고 효과적인 작업을 위해 글루 드라이를 이용하여 글루를 신속하게 굳혀준다.

15~20cm 거리를 두어 소량 분사한다. 가까이서 분사할 경우 빠른 냉각반응으로 인해 투명도가 떨어지고 백탁 현상의 원인이 된다.

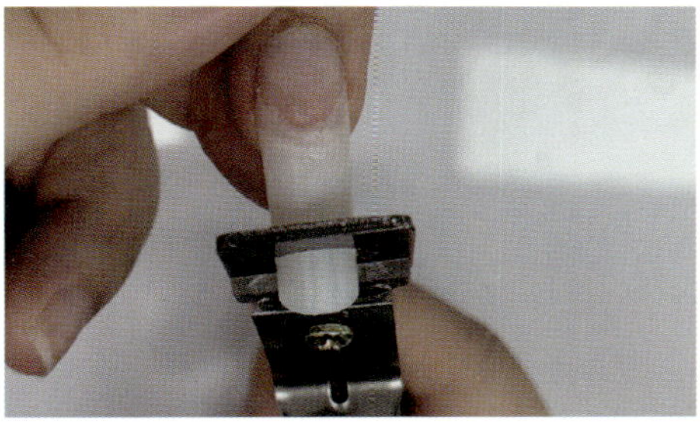

⑩ 길이 조절하기

팁 커터기를 이용하여 원하는 길이보다 조금 길게 잘라낸다.

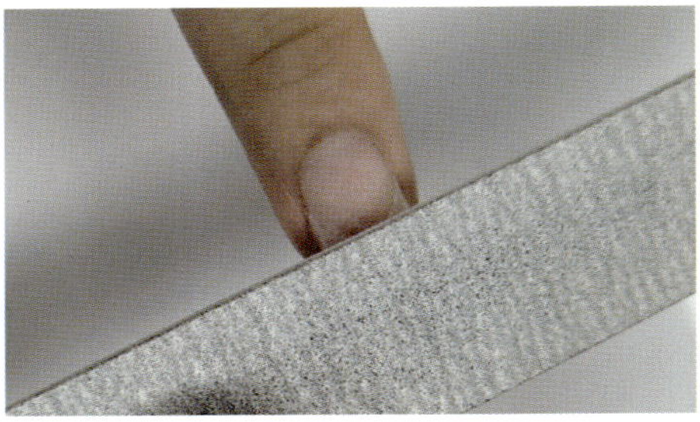

⑪ 네일 팁 턱 제거하기

자연 네일과 팁의 웰이 자연스럽게 연결될 수 있도록 파일을 이용하여 팁 턱을 갈아내 준다. 이때 자연 네일이 손상되지 않도록 자연 네일 부분을 왼손 엄지를 이용하여 살짝 감싸주며 조심히 파일링한다.

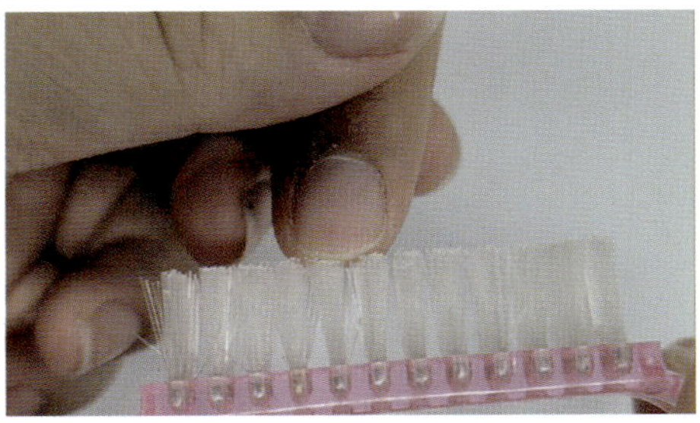

⑫ 분진 제거하기

더스트 브러시를 사용하여 분진을 제거한다.

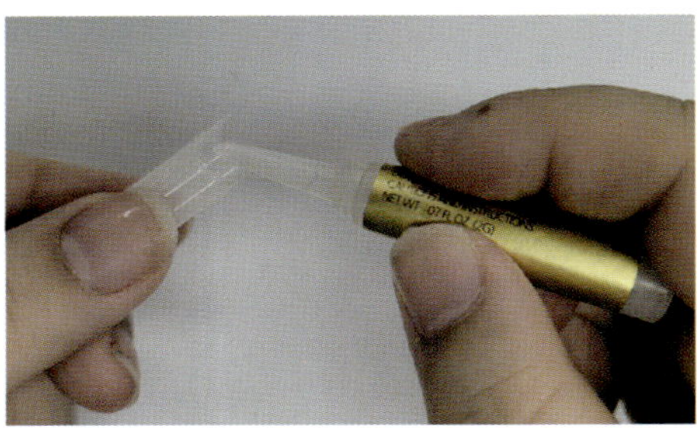

⑬ 글루 바르기

글루가 필러파우더에 스며들 수 있도록 넉넉하게 글루를 도포한다. 글루 양이 적었을 때 표면을 파일링 해도 깨끗하게 완성되지 않는다. 원하는 두께가 되도록 2~3회 반복한다.

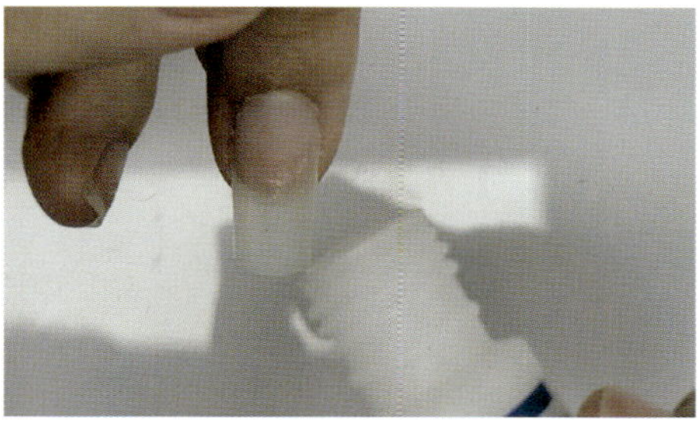

⑭ 필러파우더 뿌리기

필러파우더를 팁 턱선 갈아낸 부분부터 뿌려주며 위아래가 자연스럽게 연결될 수 있도록 뿌려준다.

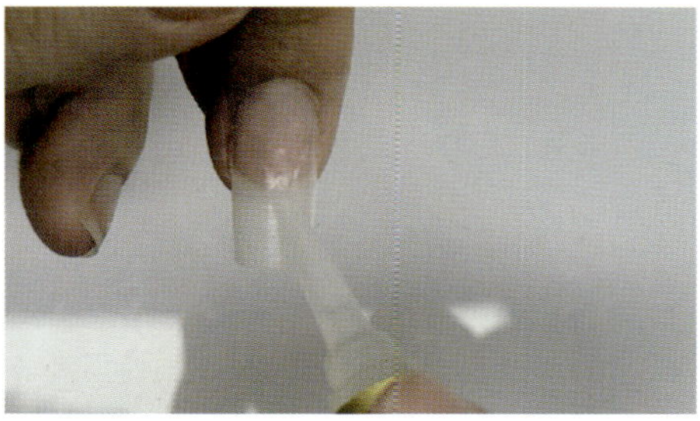

⑮ 글루 바르기

글루가 필러파우더에 스며들 수 있도록 바른다.

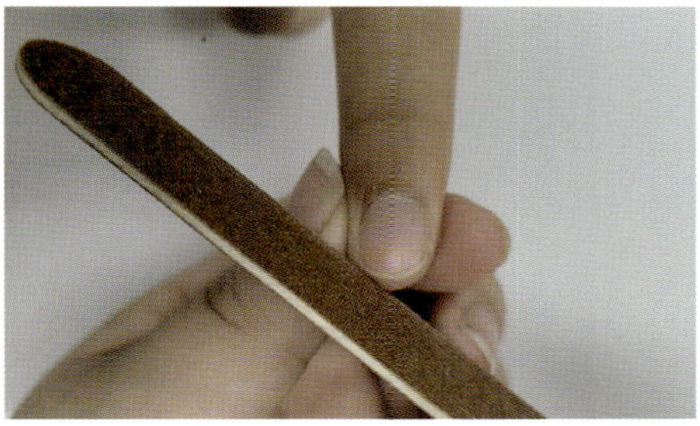

⑯ 표면 정리하기

파일로 손톱의 구조를 이해하며 표면을 정리한다.

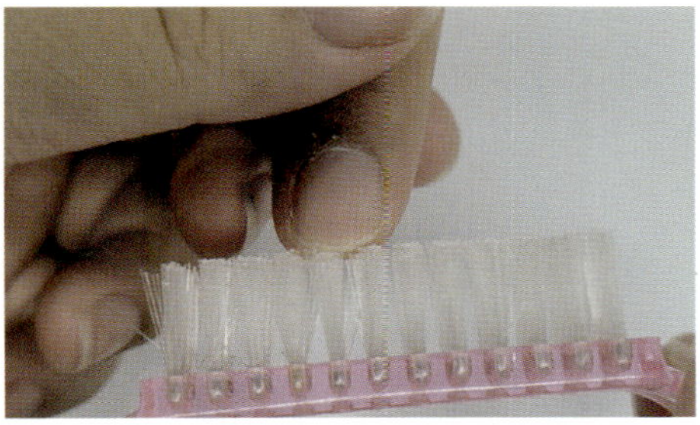

⑰ 분진 제거하기

더스트 브러시를 사용하여 분진을 제거한다.

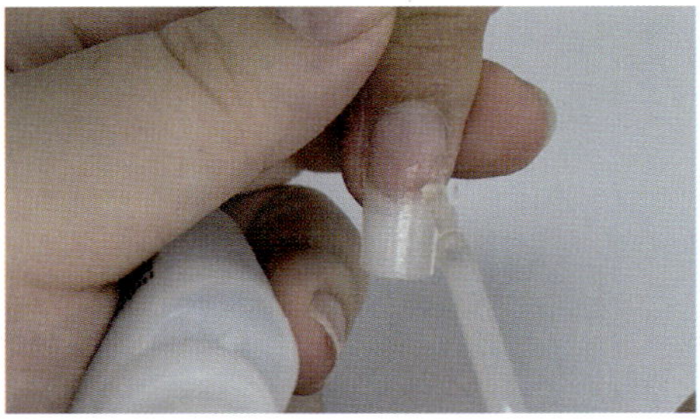

⑱ 글루 + 젤 글루 바르기

글루 전체를 바른 후 바로 젤 글루를 전체 도포한다.

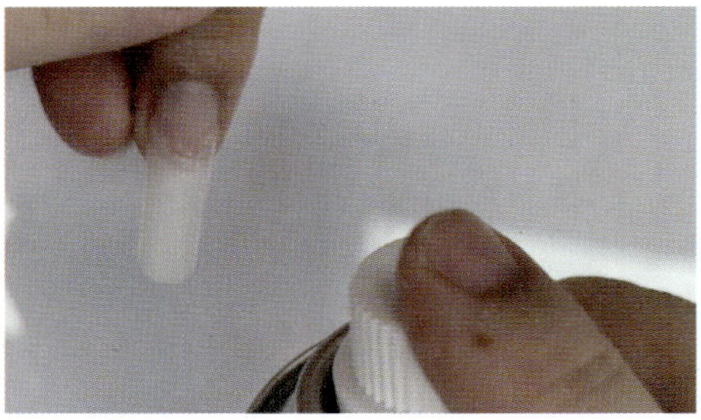

⑲ 글루 드라이 분사하기

효과적인 작업을 위해 글루 드라이를 이용하여 글루를 신속하게 굳혀준다.

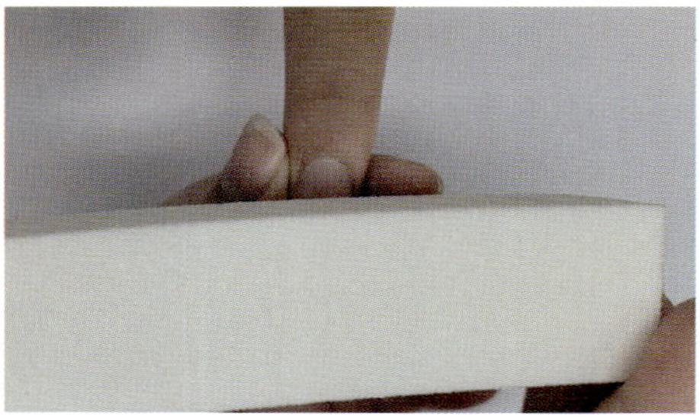

⑳ 표면 샌딩하기

샌딩을 이용하여 표면을 매끄럽게 정리한다.

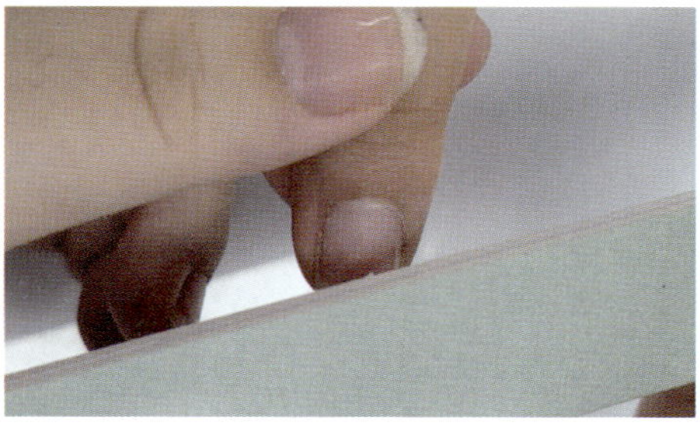

㉑ 광택내기

3-way 파일로 표면에 광을 낸다.

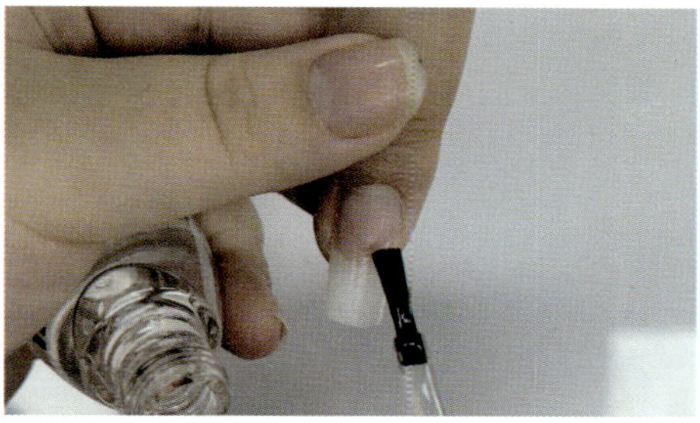

㉒ 큐티클 오일 바르기

인조 손톱을 매끄럽고 윤기가 나게 오일을 발라준다.

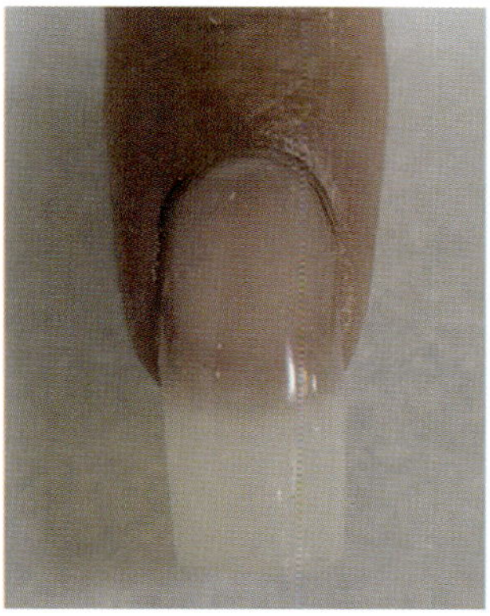

㉓ 완성하기

※ 아크릴 네일(Acrylic Nail)

1) 아크릴의 화학물질

(1) 모노머(Monomer : 단량체)

아주 작은 구슬 형태의 구형물질이다.

고분자화합물 등을 구성하는 단위가 되는 저분자량의 물질로 중합체의 출발물질이며 리퀴드 아크릴릭이 모노머 형태에 속한다.

(2) 폴리머(Polymer: 다량체)

구슬들이 길게 체인 모양으로 연결된 형태이며 매우 단단하게 변한다.

제작 완료된 아크릴릭 네일은 폴리머(종합체)이다.

(3) 카탈리스트(Catalyst)

물질이 빨리 굳게 해 주는 성분으로, 아크릴릭 제품을 사용할 때 가능하면 모노머와 아크릴릭 파우더는 같은 회사의 제품을 혼합해서 사용하는 것이 좋다. 리퀴드와 파우더를 다른 회사 제품으로 혼합할 경우 너무 빨리 굳는 현상이나 잘 깨지는 부작용이 생길 수 있다.

2) 아크릴 네일 시스템

① 아크릴 네일이 완벽하게 굳는 시간은 약 24~48시간이다.

② 네일의 두께를 보강하고 네일 폼을 이용하여 길이를 연장하고 네일 형태를 보정할 수 있다.

③ 물어뜯는 손톱(교조증) 교정에 효과적이다.

④ 온도에 매우 민감하여 온도가 높을수록 빨리 굳고 낮은 온도에서는 잘 굳지 않는다.

⑤ 온도에 민감하므로 고객의 손 온도에 영향을 받는다.

⑥ 작업 시 적당한 온도는 22~25℃이며 자연 네일의 pH 4.5~5.5가 적당하다.

⑦ 컬러에 따른 굳는 속도

※ 핑크 〉 화이트 〉 내추럴 〉 클리어

3) 아크릴 브러시 사용 및 보관방법

(1) 브러시 명칭

① 백Back(브러시의 윗부분) : 길이 조절이나 힘껏 누를 때 사용(stop product)

② 벨리Belly(브러시의 중간부분) : 형태조절 및 변형 시 사용(move product) 아크릴의 길이, 두께 및 표면 정리를 한다.

③ 팁Tip(브러시 끝부분) : 미세작업, 스마일 라인, 큐티클 라인, 꽃 디자인 시 사용(세밀한 디자인)

(2) 브러시 보관법

① 브러시 사용 후에는 리퀴드에 브러시를 헹구어 아크릴릭이 남아 있지 않도록 페이퍼 타월에 여러 번 닦아 사용하도록 한다.

② 브러시 끝을 가지런히 모아주고 브러시 뚜껑을 덮어 끝을 아래쪽으로 세워 보관하도록 한다.

③ 브러시 세척 시 브러시 클리너(brush cleaner)만을 사용하기보다는 리퀴드와 섞어 사용하거나 리퀴드만을 사용하여 닦아내면 브러시의 수명을 연장시킬 수 있다.

5. 팁 위드 아크릴

1) 팁 위드 아크릴의 정의

레귤러 팁이나 컬러 팁을 사용하여 길이를 연장하고 자연 네일과 인조 팁 위에 아크릴 리퀴드와 아크릴 파우더를 혼합하여 오버레이 하여 네일의 강도를 높여주는 시술 방법이다.

2) 사전 준비

① 테이블을 소독한다.

② 위생 처리된 흰색 타월을 깔고 그 위에 페이퍼 타월을 깔아 준다.

③ 네일 재료들을 재료정리함에 진열한다.

④ 소독용기 바닥에 솜을 깔고 소독액을 넣어 니퍼, 푸셔, 클리퍼, 오렌지 우드스틱, 더스트 브러시를 담가 둔다.

⑤ 파일꽂이에 자연 네일용 파일, 인조 네일용 파일, 샌딩 파일, 팁 커터를 꽂아 준다.

⑥ 뚜껑이 있는 용기에 화장솜과 멸균거즈를 넣어둔다.

⑦ 위생봉지를 테이블 한쪽에 붙인다.

3) 재료 및 도구

흰색 타월	페이퍼 타월	클리퍼	큐티클 오일
화장솜	파일꽂이	더스트 브러시	팁 커터
손 소독제	에탄올	네일용 파일	네일 팁
소독용기	오렌지 우드스틱	광택용 파일	글루
화장솜 용기	필러파우더	지혈제	젤 글루
위생봉지	글루 드라이	아크릴 리퀴드	아크릴 파우더
리퀴드 볼	아크릴 브러시	보안경	마스크

※ **프레퍼레이션preparation** (자연 네일의 전처리)

인조 네일 시술 전에 반드시 해야 하는 전처리 과정으로 자연 네일의 유 · 수분을 제거하여 세균의 번식을 억제하고, 인조 네일의 들뜸 현상을 방지하기 위한 사전 작업이다.

인조 네일의 지속력과 접착력을 높여주기 위해 프레퍼레이션 작업은 꼭 필요한 작업이다.

4) 시술순서

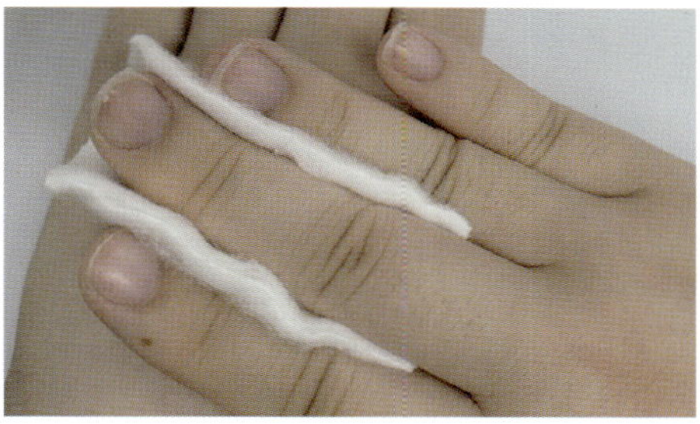

① 시술자 손 소독하기

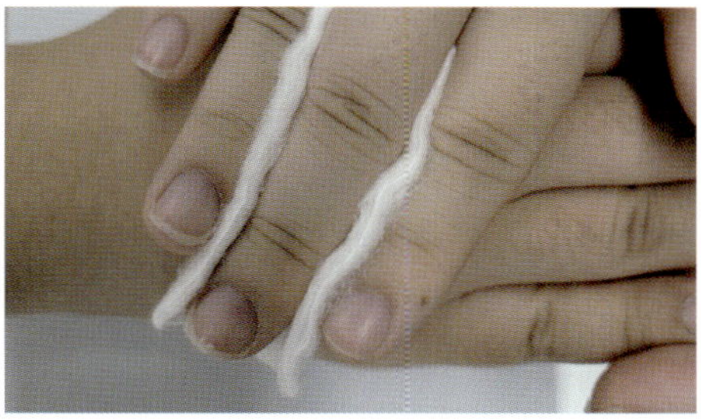

② 고객 손 소독하기

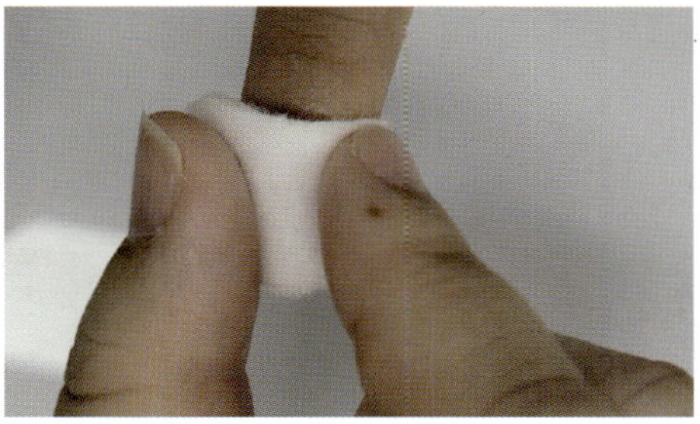

③ 네일 폴리시 제거하기

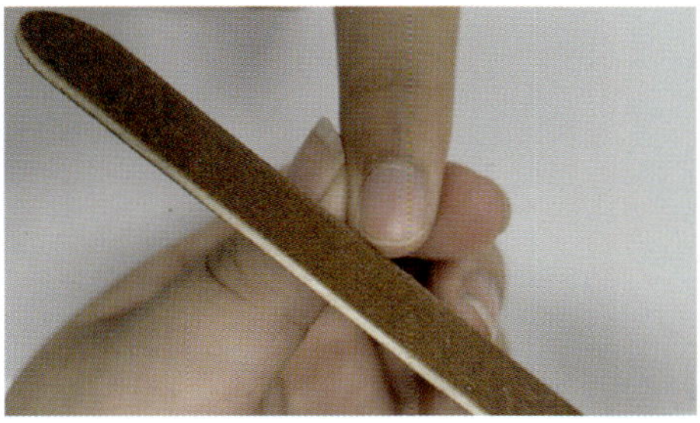

④ 네일 길이 및 모양잡기

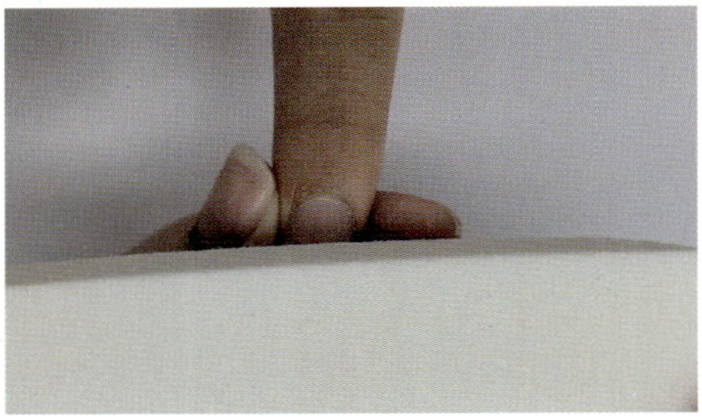

⑤ 표면 샌딩하기

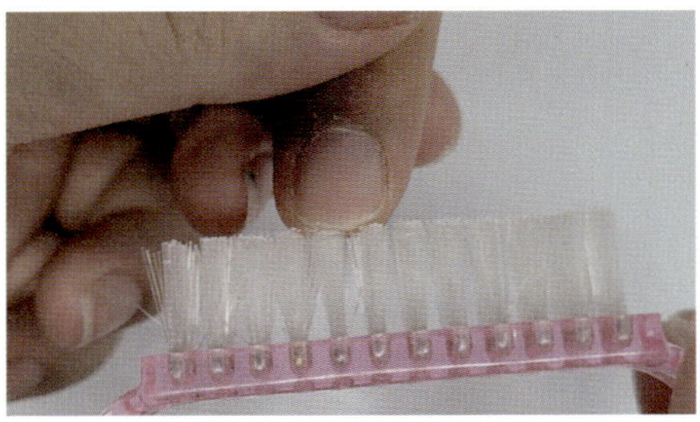

⑥ 분진 제거하기

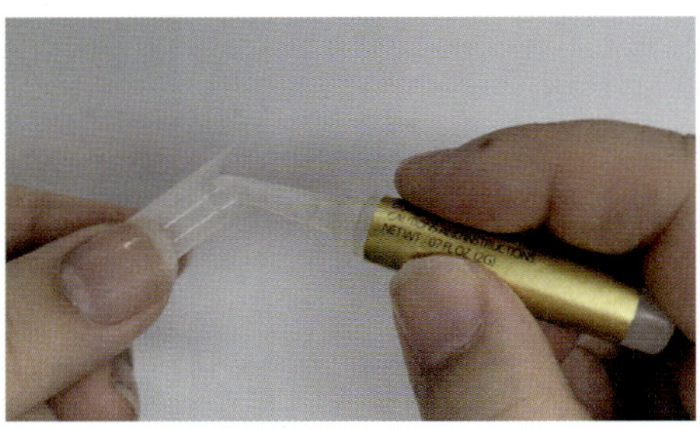

⑦ 글루 바르기

네일 팁을 선택하고 팁 웰 부분에 글루를 바른다.

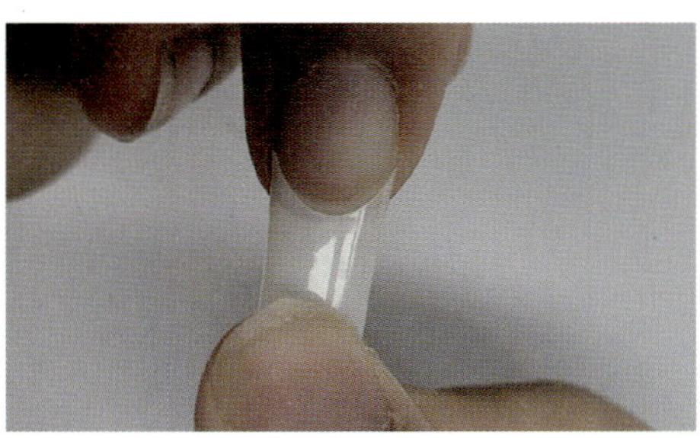

⑧ 네일 팁 접착하기

레귤러팁을 젤 글루나 스틱 글루를 이용하여 팁의 웰 라인과 자연 네일의 프리에지 라인이 맞게 45° 각도로 틀어지지 않도록 부착한다.

⑨ 글루 드라이 분사하기

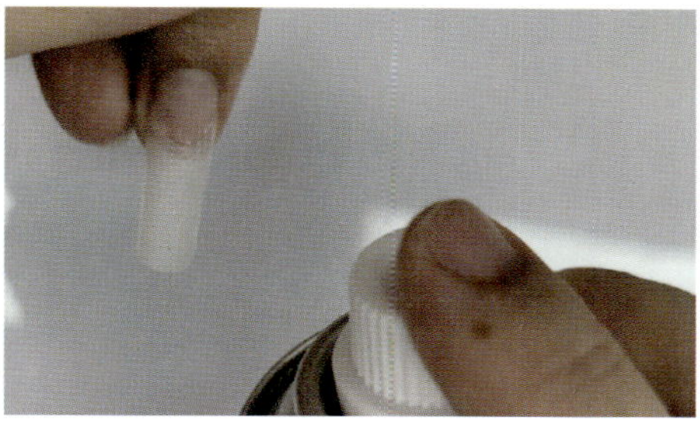

빠르고 효과적인 작업을 위해 글루 드라이를 이용하여 글루를 신속하게 굳혀준다.

15~20cm 거리를 두어 소량 분사한다. 가까이서 분사할 경우 빠른 냉각반응으로 인해 투명도가 떨어지고 백탁 현상의 원인이 된다.

⑩ 길이 조절하기

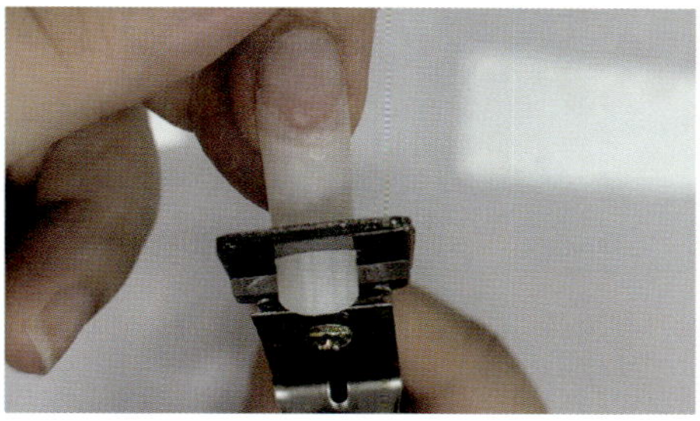

팁 커터기를 이용하여 원하는 길이보다 조금 길게 잘라낸다.

⑪ 네일 팁 턱 제거하기

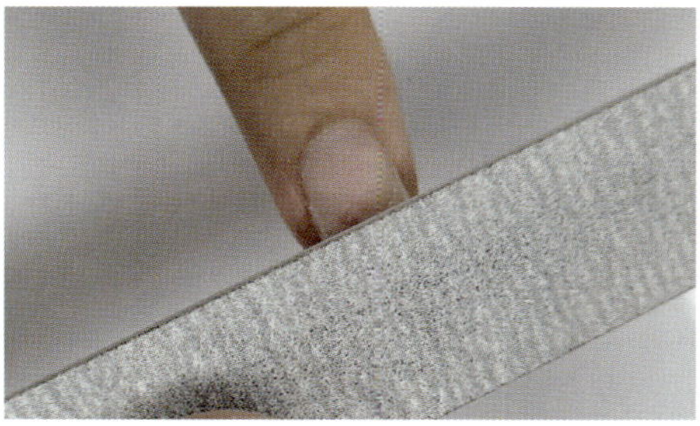

자연 네일과 팁의 웰이 자연스럽게 연결될 수 있도록 파일을 이용하여 팁 턱을 갈아내 준다. 이때 자연 네일이 손상되지 않도록 자연 네일 부분을 왼손 엄지를 이용하여 살짝 감싸주며 조심히 파일링한다.

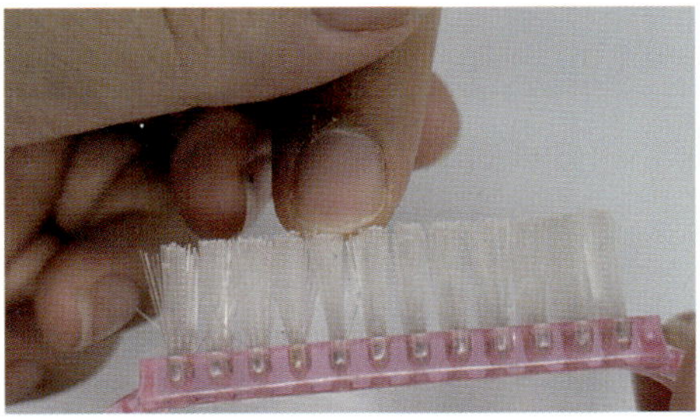

⑫ 분진 제거하기

더스트 브러시를 사용하여 분진을 제거한다.

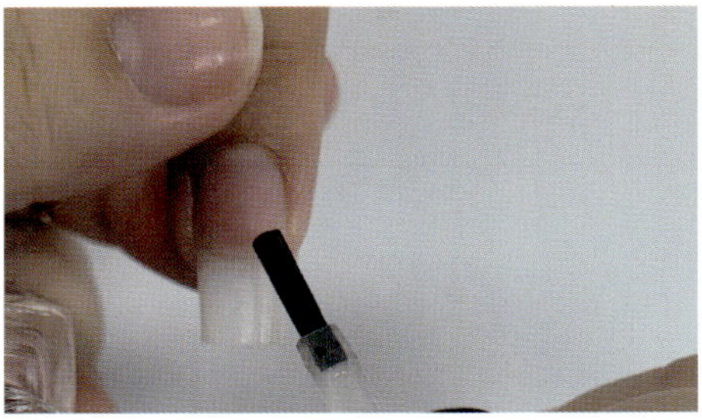

⑬ 프라이머 바르기

네일에 프라이머를 소량 도포한다.

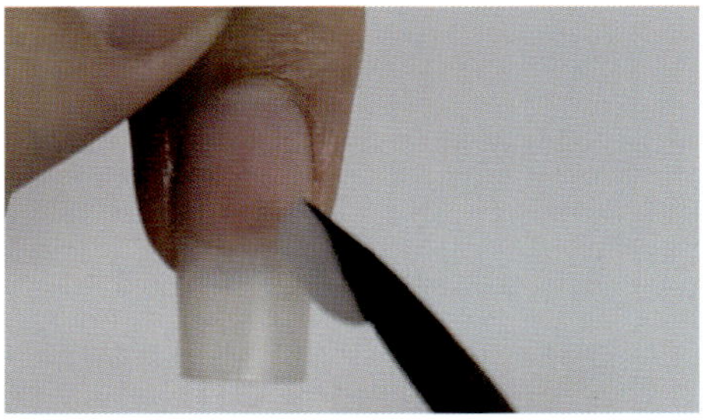

⑭ 클리어 볼 올리기

손톱 전체를 덮을 수 있는 볼을 떠서 하이포인트, 큐티클 라인, 사이드, 전체적인 밸런스를 고려하여 오버레이한다.

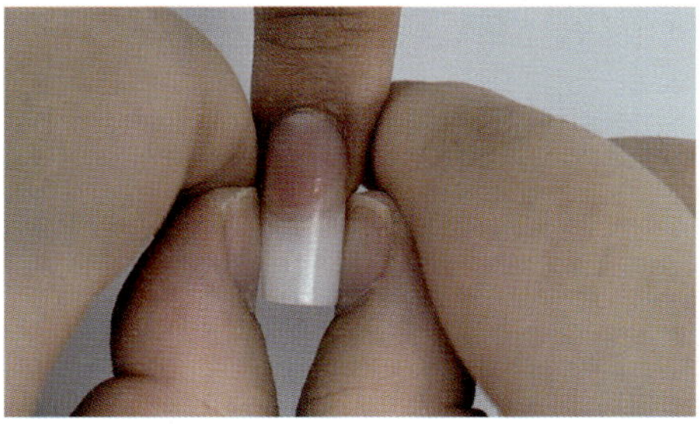

⑮ 핀칭 주기

스트레스 포인트 부분을 양쪽 엄지 손톱으로 눌러주어 C커브 형태를 만들어 준 후 네일 포를 제거한다.

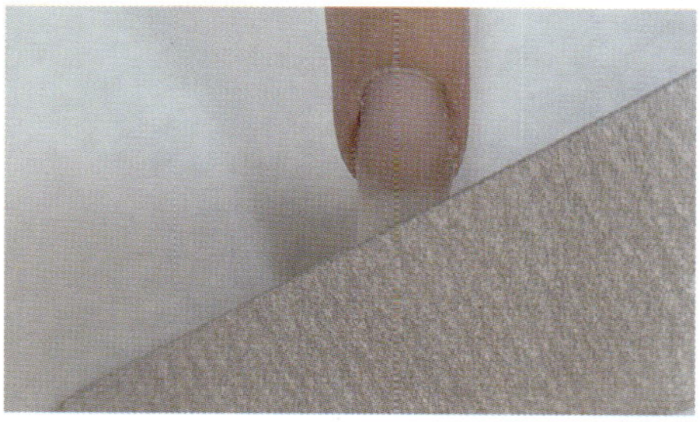

⑯ 표면 파일링하기

파일을 사용하여 길이와 모양을 만들고 두께와 하이포인트를 살려 표면을 매끄럽게 갈아준다.

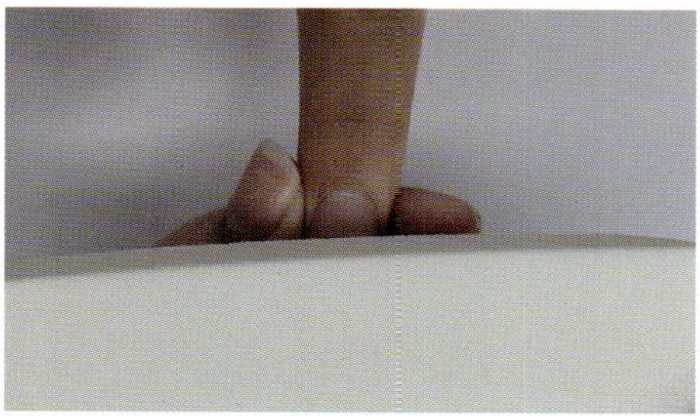

⑰ 표면 정리하기

샌딩 파일을 사용하여 매끄럽게 정리한다.

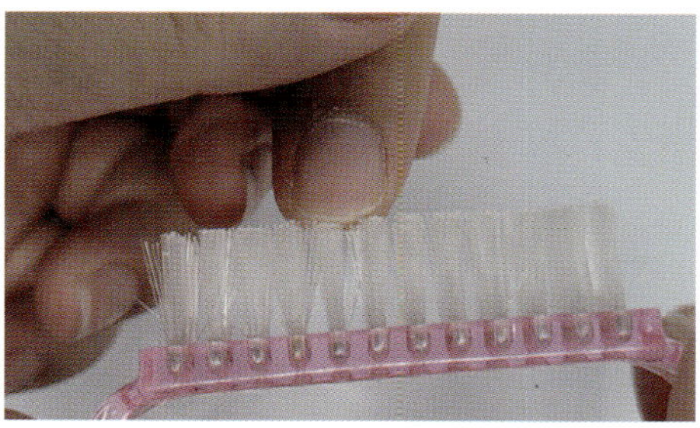

⑱ 분진 제거하기

더스트 브러시를 사용하여 분진을 제거한다.

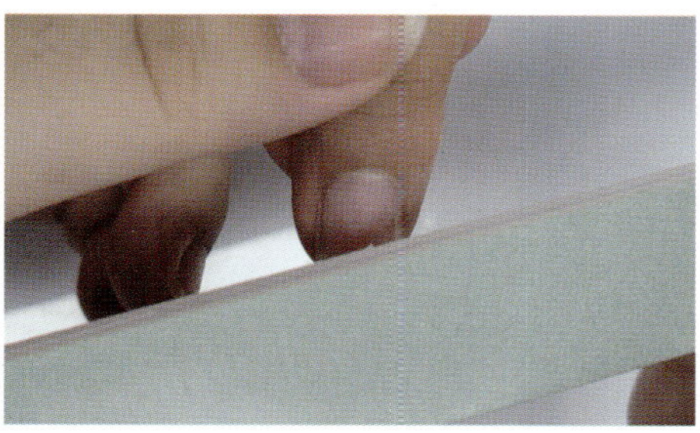

⑲ 광택 내기

광택용 파일을 사용하여 네일의 표면에 광택을 낸다.

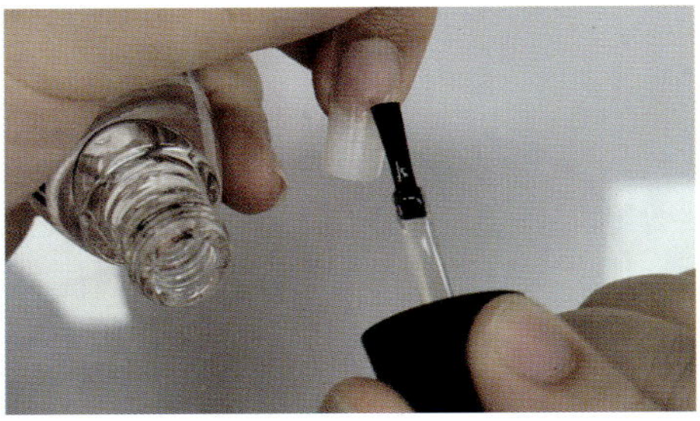

⑳ 큐티클 오일 바르기

큐티클 부분에 큐티클 오일을 바르고 손 전체를 닦아준다.

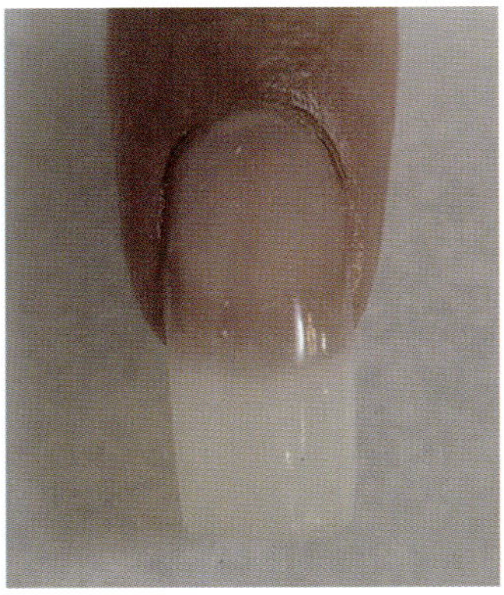

㉑ 완성하기

※ 젤 네일(Gel Nail)

1) 젤 네일 시스템

① UV 젤은 본래 치의학에 사용된 합성수지를 연구, 발전시켜 손톱의 길이를 연장하고 강도와 탄력을 주는 미용의 목적으로 사용한 것이다.

② 1994년 독일에서 최초로 개발되었다.

③ UV 젤은 아크릴의 리퀴드와 같은 별도의 촉매제 없이 UVA에 의해 굳어지면서 시술된다.

④ 젤은 현미경으로 볼 수 없을 만큼 작은 입자들로 전체에 퍼져있거나 미세한 그물 구조를 하고 있으며, 이를 올리고머라고 한다.

⑤ UV 젤에서는 UVA가 기폭제로 작용하여 젤을 단단하게 굳게 하는 역할을 한다.

⑥ UV 젤은 냄새가 없는 무취의 제품이므로 살롱 내 실내공기를 오염시키지 않으며 시술이 편리하다.

⑦ 광택감과 투명감, 발색력, 지속력이 뛰어나다.

⑧ 부작용이 적어 안심하고 사용할 수 있을 정도로 피부에 안전하다.

⑨ 젤은 유연성이 좋고 리프팅이 잘 일어나지 않는다.

⑩ 아크릴에 비해 소프트하기 때문에 파일링이 쉽고 작업 시간이 매우 단축된다.

⑪ 빛에 노출되기 전까지는 굳지 않아 원하는 모양을 연출하기 쉽다.

⑫ 끈끈한 점성을 가진다.

2) 젤의 종류

① 소프트 젤

가늘고 긴 분자구조와 높은 분자량이며 점도가 작고 부드러운 제품으로 내구력과 지속력이 다소 떨어지며, 제거용액으로 제거 가능하고 LED램프에서 더 빠르게 큐어링이 가능하다.

② 하드 젤

빽빽한 분자구조와 낮은 분자량이 점도가 커 단단한 제품으로 내구력과 지속력이 소프트 젤보다 강하며, 제거용액으로 제거가 가능하지 않아 파일로 조심스럽게 제거하며 큐어링하는데 오래걸린다. 또한 길이를 연장하는 스캅춰에 사용한다.

③ 라이트 큐어드 젤

자외선(UV), 가시광선(LED) 광선에 경화하는 젤이다.

④ 노 라이트 큐어드 젤

광선을 사용하지 않고 응고제를 사용하여 경화하는 젤이다.

3) 히팅 현상(Heating)

① 젤 램프기기 사용 중 1회에 많은 양의 젤을(두껍게 바르면) 경화하면 경화열이 발생한다. 네일 바디와 네일 베드에 뜨거움을 주는 현상이다.

② 손톱이 얇거나 상처가 있을 경우에 히팅 현상이 나타난다.

③ 빌더 젤, 탑 젤, 클리어 젤, 글리터 젤 같은 밀도가 높은 젤들이 히팅에 강하다.

※ 사용하는 제품이 히팅이 너무 강하다면 젤 네일을 좀 더 얇게 바르거나 램프에 넣었다가 히팅이 생기는 시간(5~10초 사이)쯤에 뺐다가 다시 램프에 넣으면 경화에너지가 발생하는 시간이 분산되면서 히팅을 약하게 한다. 램프의 출력을 줄이는 것도 방법이다.

4) 젤 브러시 활용

① 젤을 네일에 바를 때 사용한다.

② 젤 브러시 길이, 크기와 형태에 따라 스컬프처용과 아트용으로 나누어 사용한다.

③ 사용 후 남은 젤을 베이스 젤을 이용해 닦고 빛이 투과하지 않는 재질의 브러시 케이스 안에 보관한다.

6. 팁 위드 젤

1) 팁 위드 젤의 정의

레귤러 팁이나 컬러 팁을 사용하여 길이를 연장하고 자연 네일과 인조 팁 위에 젤을 오버레이하여 네일의 강도를 높여주는 시술 방법이다.

2) 사전 준비

① 테이블을 소독한다.

② 위생 처리된 흰색 타월을 깔고 그 위에 페이퍼 타월을 깔아 준다.

③ 네일 재료들을 재료정리함에 진열한다.

④ 소독용기 바닥에 솜을 깔고 소독액을 넣어 니퍼, 푸셔, 클리퍼, 오렌지 우드스틱, 더스트 브러시를 담가 둔다.

⑤ 파일꽂이에 자연 네일용 파일, 인조 네일용 파일, 샌딩 파일, 팁 커터를 꽂아 준다.

⑥ 뚜껑이 있는 용기에 화장솜과 멸균거즈를 넣어둔다.

⑦ 위생봉지를 테이블 한쪽에 붙인다.

3) 재료 및 도구

흰색 타월	페이퍼 타월	클리퍼	큐티클 오일
화장솜	파일꽂이	더스트 브러시	팁 커터
손 소독제	에탄올	네일용 파일	네일 팁
소독용기	오렌지 우드스틱	광택용 파일	글루
화장솜 용기	지혈제	젤 램프기기	젤 글루
위생봉지	글루 드라이	클리어 젤	베이스 젤
탑 젤	젤 클리너	젤 브러시	젤 폼

※ **프레퍼레이션preparation** (자연 네일의 전처리)

인조 네일 시술 전에 반드시 해야 하는 전처리 과정으로 자연 네일의 유 · 수분을 제거하여 세균의 번식을 억제하고, 인조 네일의 들뜸 현상을 방지하기 위한 사전 작업이다.

인조 네일의 지속력과 접착력을 높여주기 위해 프레퍼레이션 작업은 꼭 필요한 작업이다.

4) 시술순서

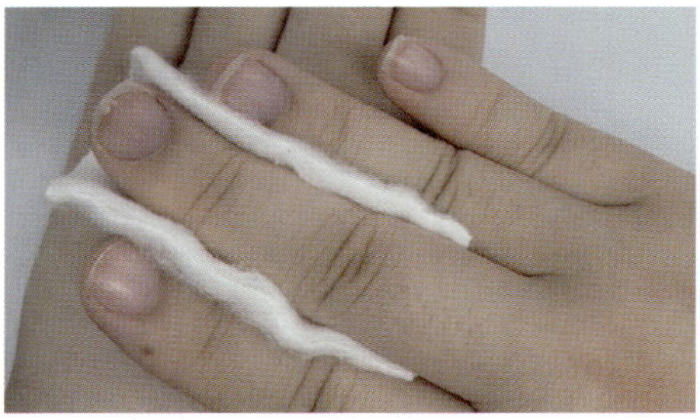

① 시술자 손 소독하기

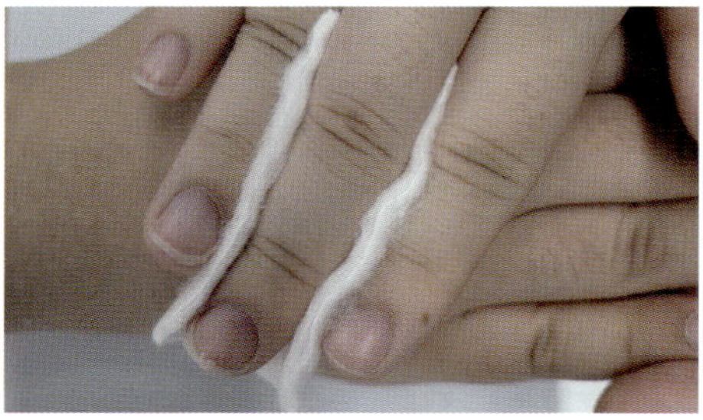

② 고객 손 소독하기

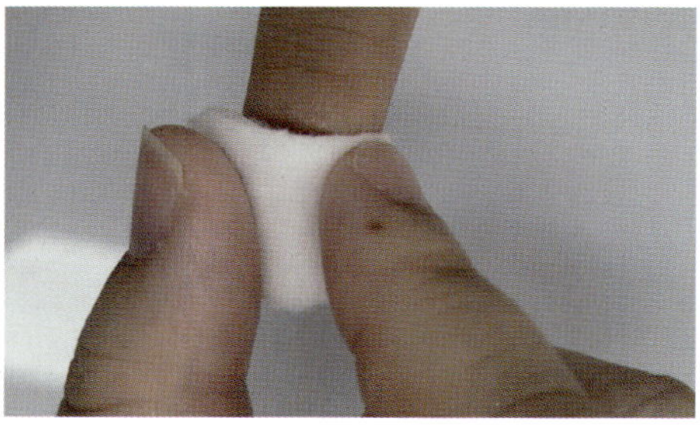

③ 네일 폴리시 제거하기

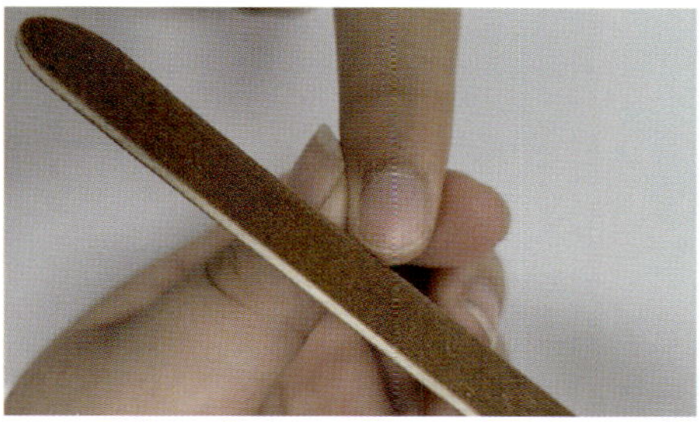

④ 네일 길이 및 모양잡기

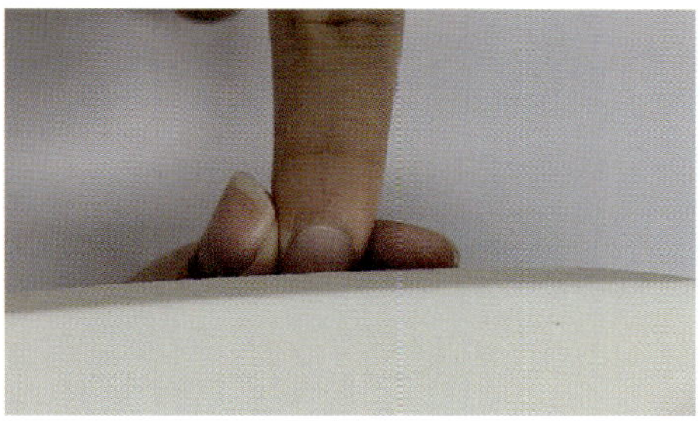

⑤ 표면 샌딩하기

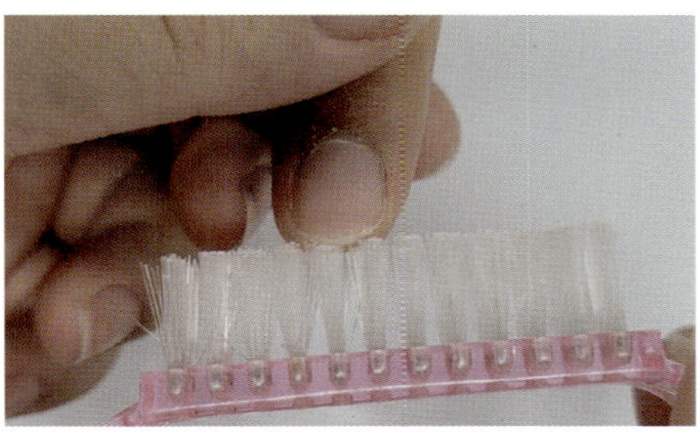

⑥ 분진 제거하기

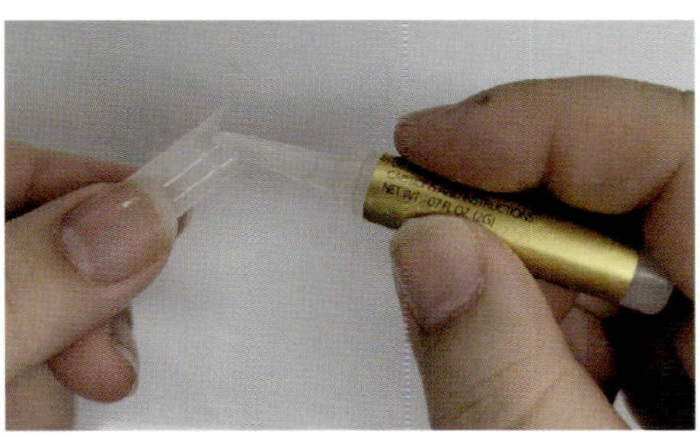

⑦ 글루 바르기

네일 팁을 선택하고 팁 웰 부분에 글루를 바른다.

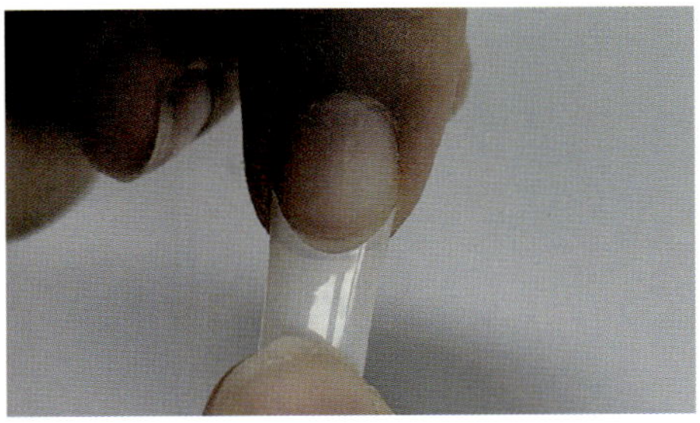

⑧ 네일 팁 접착하기

레귤러 팁을 젤 글루나 스틱 글루를 이용하여 팁의 웰 라인과 자연 네일의 프리에지 라인이 맞게 45° 각도로 틀어지지 않도록 부착한다.

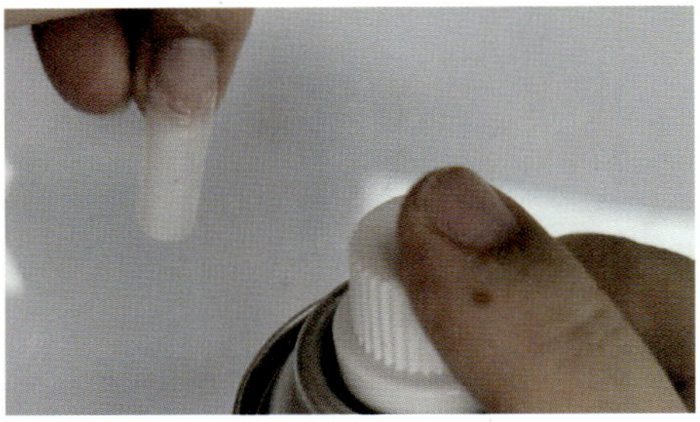

⑨ 글루 드라이 분사하기

빠르고 효과적인 작업을 위해 글루 드라이를 이용하여 글루를 신속하게 굳혀준다.

15~20cm 거리를 두어 소량 분사한다. 가까이서 분사할 경우 빠른 냉각반응으로 인해 투명도가 떨어지고 백탁 현상의 원인이 된다.

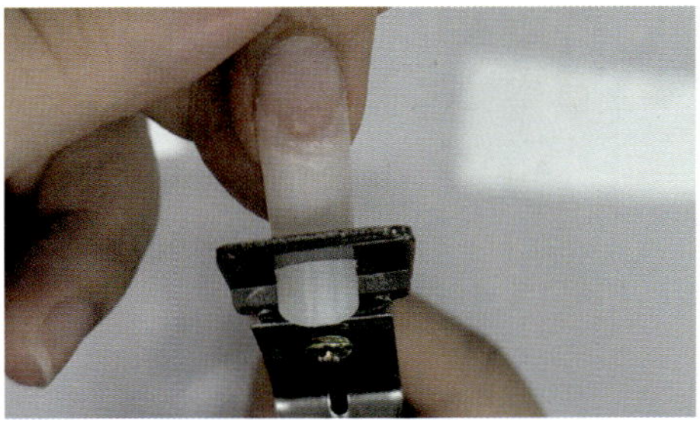

⑩ 길이 조절하기

팁 커터기를 이용하여 원하는 길이보다 조금 길게 잘라낸다.

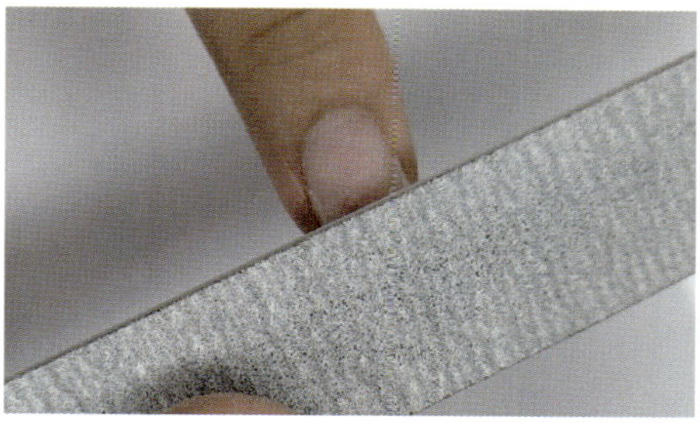

⑪ 네일 팁 턱 제거하기

자연 네일과 팁의 웰이 자연스럽게 연결될 수 있도록 파일을 이용하여 팁 턱을 갈아내 준다. 이때 자연 네일이 손상되지 않도록 자연 네일 부분을 왼손 엄지를 이용하여 살짝 감싸주며 조심히 파일링한다.

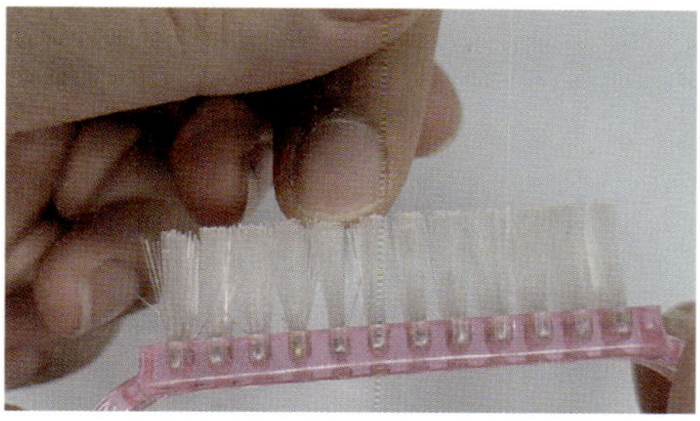

⑫ 분진 제거하기

더스트 브러시를 사용하여 분진을 제거한다.

⑬ 프라이머 바르기

자연 네일에 프라이머를 소량 도포한다.

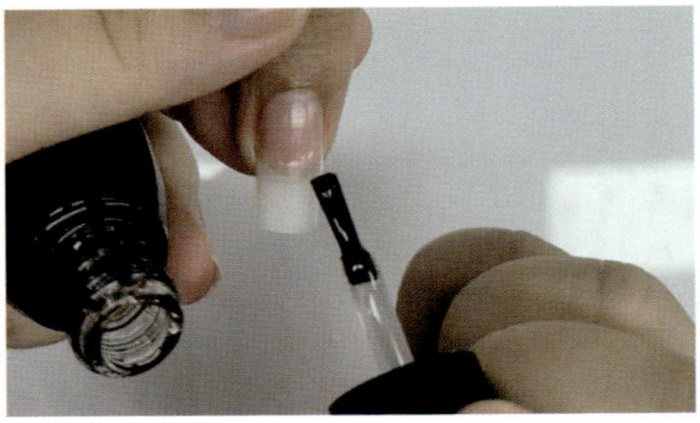

⑭ 베이스 젤 바르기

베이스 젤을 자연 손톱과 인조팁 위에 발라준다.

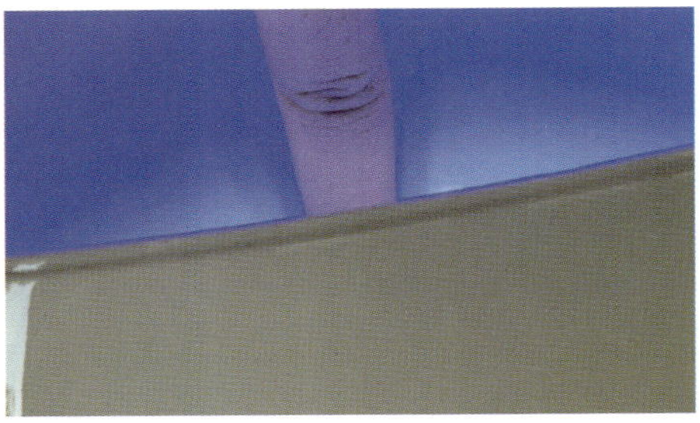

⑮ 큐어링 하기

젤 램프에 30~60초 큐어링한다.

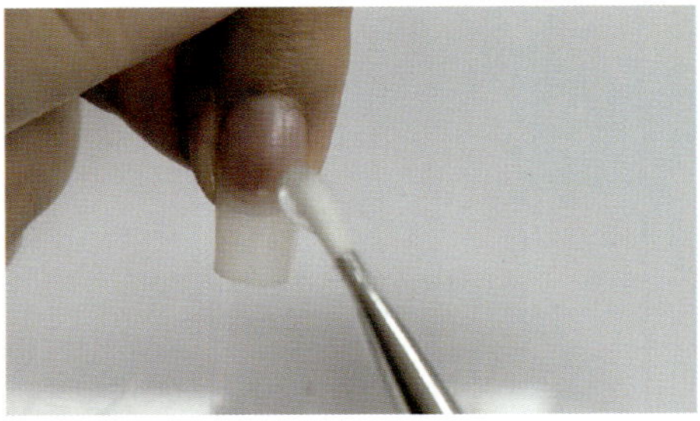

⑯ 클리어 젤 올리기

클리어 젤을 이용하여 전체적으로 오버레이해 준다.

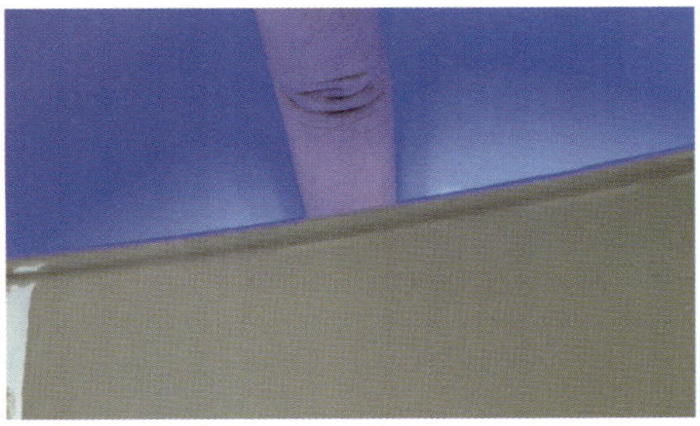

⑰ 큐어링 하기

젤 램프에 30~60초 큐어링한다.

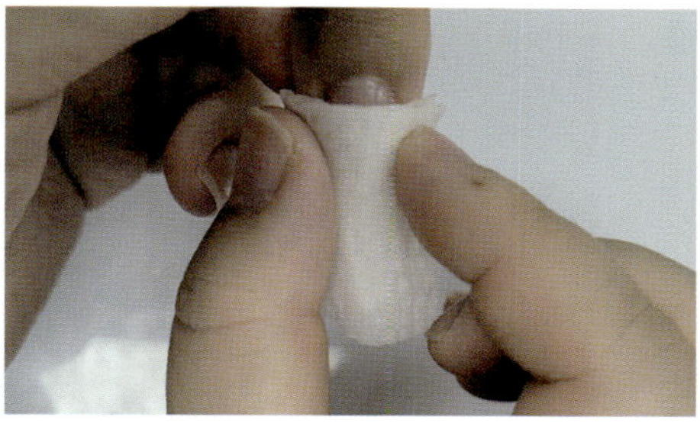

⑱ 젤 클리너로 닦아내기

젤 클린저를 사용하여 남아있는 미경화 젤을 닦아준다.

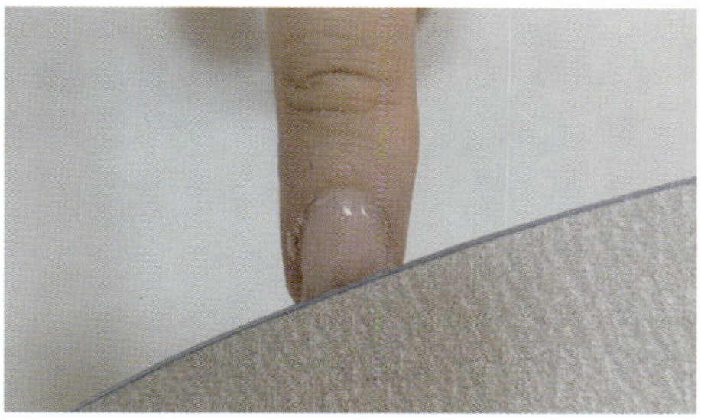

⑲ 표면 파일링 하기

파일을 사용하여 스퀘어 모양을 만들고 표면을 매끄럽게 파일링 한다.

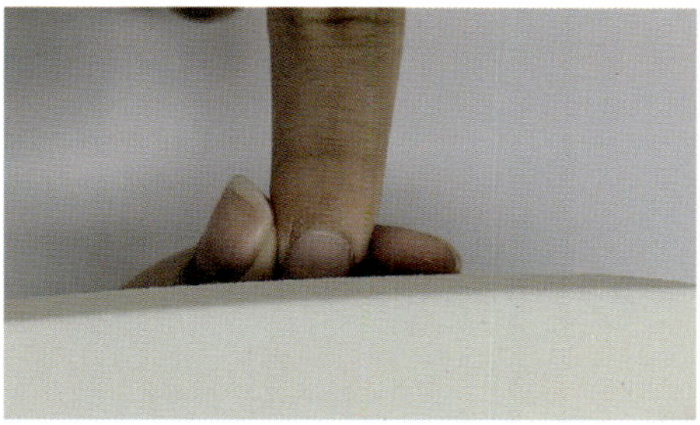

⑳ 표면 정리하기

샌딩 버퍼를 사용하여 매끄럽게 정리한다.

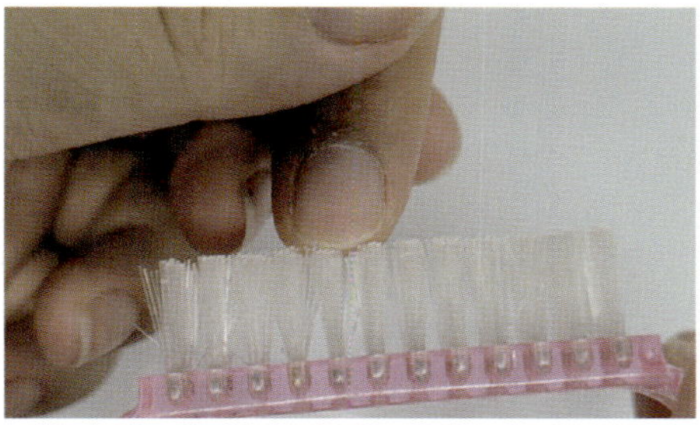

㉑ 분진 제거하기

더스트 브러시를 사용하여 분진을 제거한다.

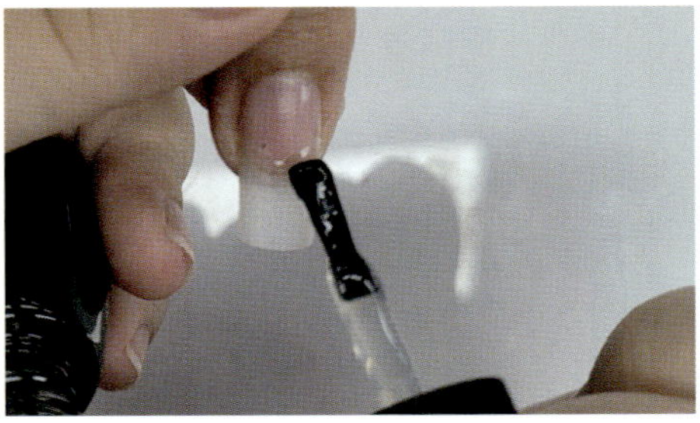

㉒ **탑 젤 바르기**

탑 젤을 바르고 젤 램프에서 큐어링한다.

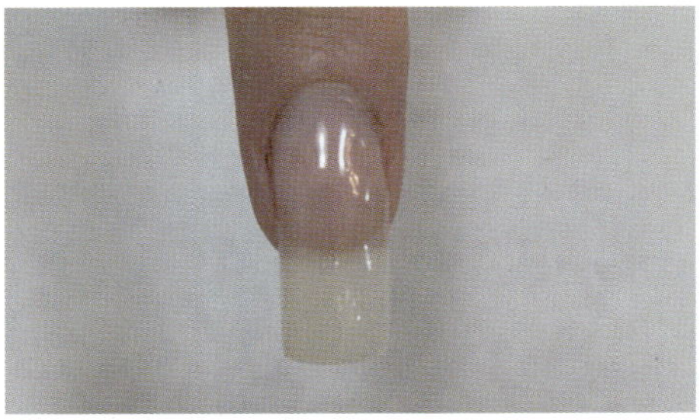

㉓ **완성하기**

7. 내추럴 팁 위드 랩

1) 내추럴 팁 위드 랩의 정의

내추럴 팁을 사용하여 길이를 연장하고 랩을 인조 네일 위에 덮어씌움으로써 네일의 강도를 높여주는 시술 방법이다.

2) 사전 준비

① 테이블을 소독한다.

② 위생 처리된 흰색 타월을 깔고 그 위에 페이퍼 타월을 깔아 준다.

③ 네일 재료들을 재료정리함에 진열한다.

④ 소독용기 바닥에 솜을 깔고 소독액을 넣어 니퍼, 푸셔, 클리퍼, 오렌지 우드스틱, 더스트 브러시를 담가 둔다.

⑤ 파일꽂이에 자연 네일용 파일, 인조 네일용 파일, 샌딩 파일, 팁 커터, 가위를 꽂아 준다.

⑥ 뚜껑이 있는 용기에 화장솜과 멸균거즈를 넣어둔다.

⑦ 위생봉지를 테이블 한쪽에 붙인다.

3) 재료 및 도구

흰색 타월	페이퍼 타월	클리퍼	큐티클 오일
화장솜	파일꽂이	더스트 브러시	팁 커터
손 소독제	에탄올	네일용 파일	네일 팁
소독용기	오렌지 우드스틱	광택용 파일	글루
화장솜 용기	필러파우더	지혈제	젤 글루
위생봉지	글루 드라이	실크	실크가위
손목 받침대	마스크	보안경	

※ **프레퍼레이션preparation** (자연 네일의 전처리)

인조 네일 시술 전에 반드시 해야 하는 전처리 과정으로 자연 네일의 유 · 수분을 제거하여 세균의 번식을 억제하고 인조 네일의 들뜸 현상을 방지하기 위한 사전 작업이다.

인조 네일의 지속력과 접착력을 높여주기 위해 프레퍼레이션 작업은 꼭 필요한 작업이다.

4) 시술순서

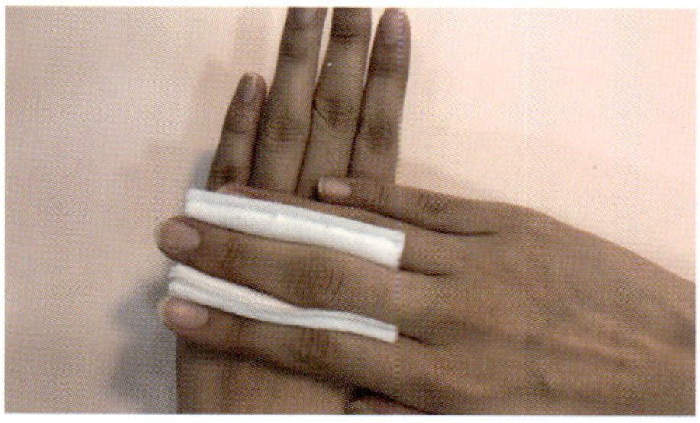

① 시술자 손 소독하기

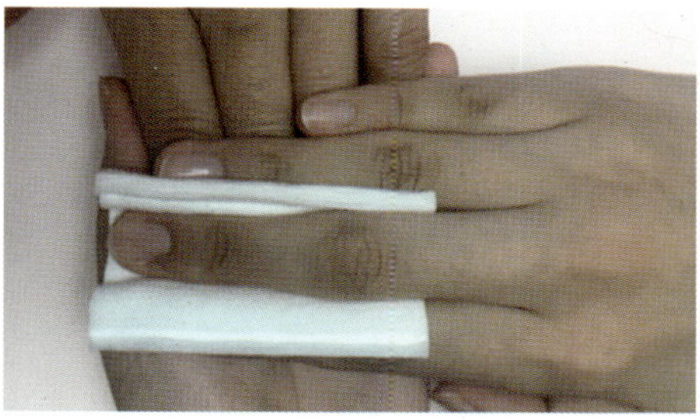

② 고객 손 소독하기

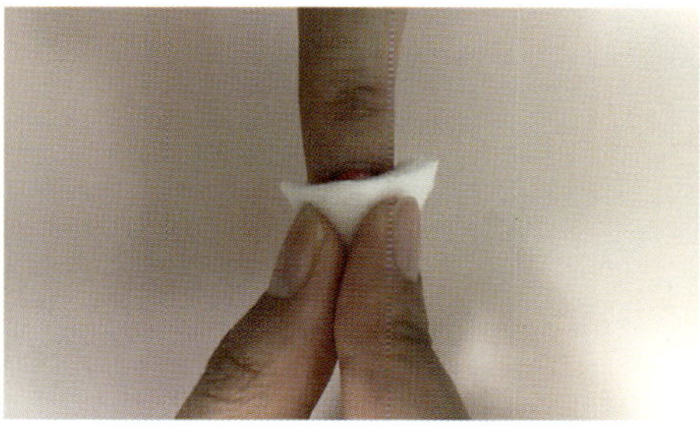

③ 네일 폴리시 제거하기

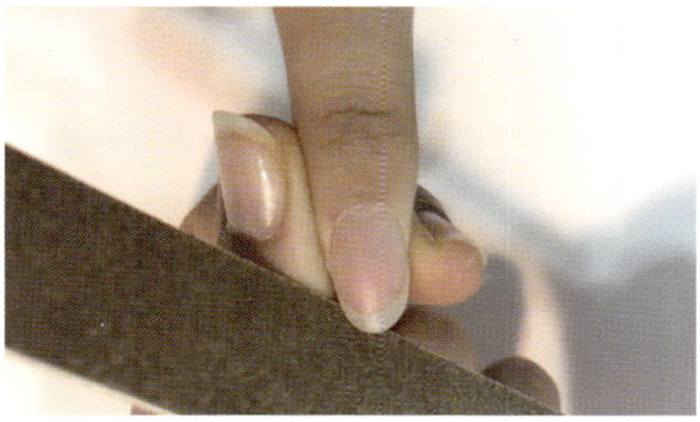

④ 네일 길이 및 모양잡기

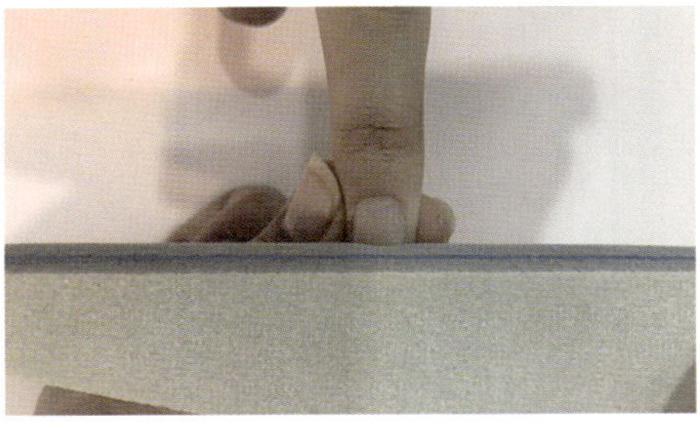

⑤ 표면 샌딩하기

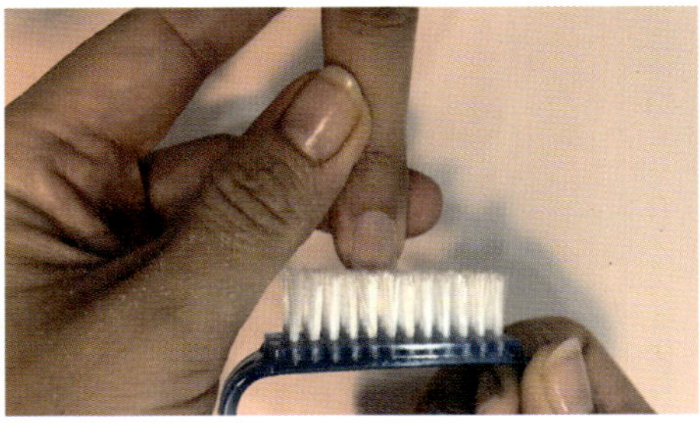

⑥ 분진 제거하기

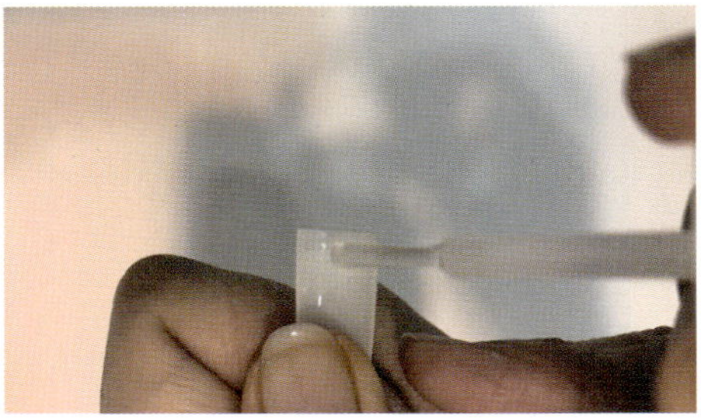

⑦ 글루 바르기

네일 팁을 선택하고 팁 웰 부분에 글루를 바른다.

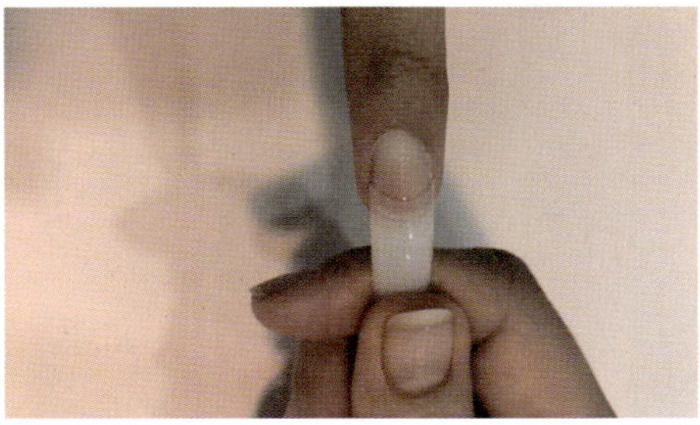

⑧ 네일 팁 접착하기

웰 부분에 글루를 바르고 프렌치 팁을 45° 각도로 밀착하여 접착한다.

⑨ 글루 드라이 분사하기

글루 드라이는 10cm 이상의 거리에서 약하게 분사하여 고정시킨다.

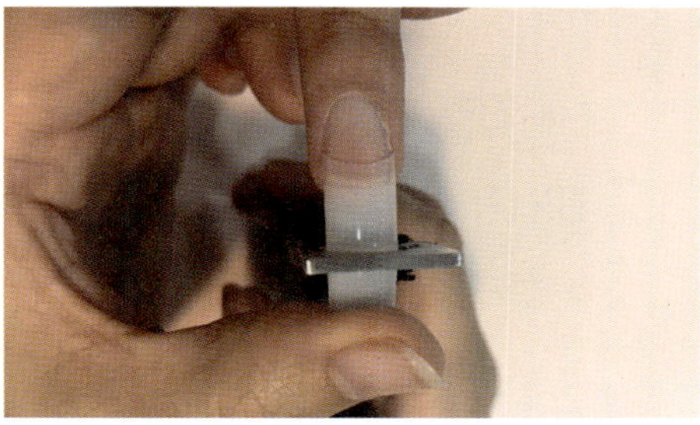

⑩ 길이 조절하기

팁과 팁 커터가 90°가 되도록 맞춰 원하는 길이보다 조금 길게 잘라낸다. 네일 파일을 사용하여 스퀘어 모양을 만든다.

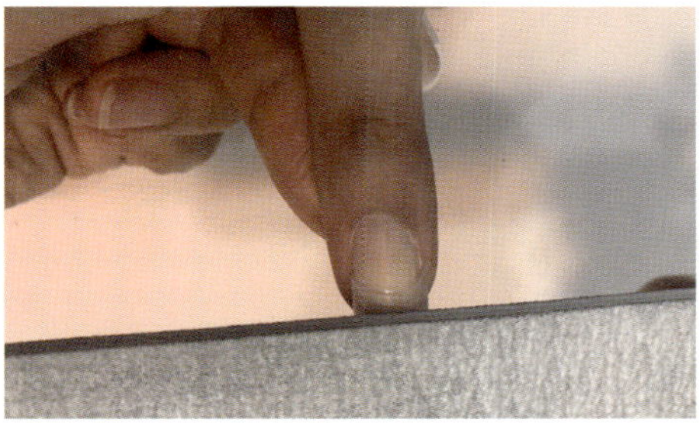

⑪ 네일 팁 턱 제거하기

자연 네일과 매끄럽게 연결되도록 네일 팁 턱을 제거한다.

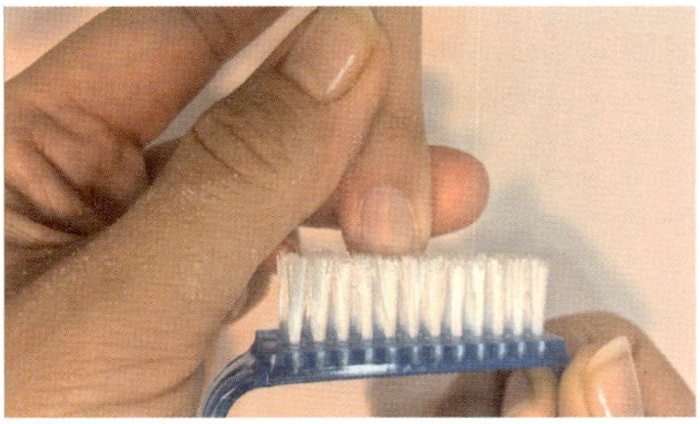

⑫ 분진 제거하기

더스트 브러시를 사용하여 분진을 제거한다.

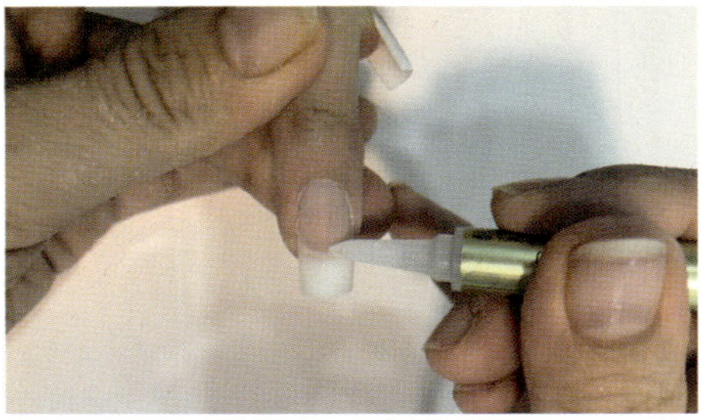

⑬ 글루 바르기

네일 전체에 글루를 꼼꼼하게 바른다.

⑭ 필러파우더 뿌리기

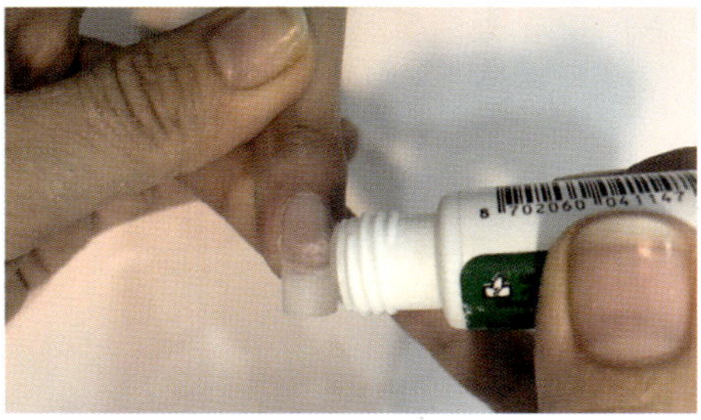

필러파우더를 네일 팁 턱 제거 부분에 집중적으로 뿌려주고 위 아래가 자연스럽게 그라데이션될 수 있도록 한다.

오렌지 우드스틱으로 주변에 묻은 필러파우더를 정리한다.

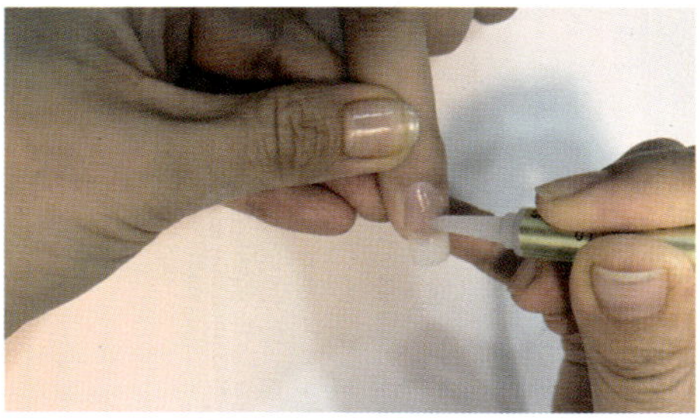

⑮ 글루 바르기

글루가 필러 파우더에 스며들 수 있도록 바른다.

⑯ 표면 정리하기

파일로 표면을 정리한다.

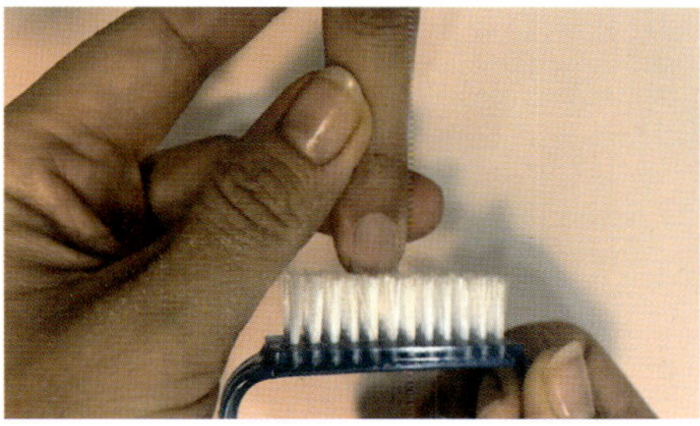

⑰ 분진 제거하기

더스트 브러시를 사용하여 분진을 제거한다.

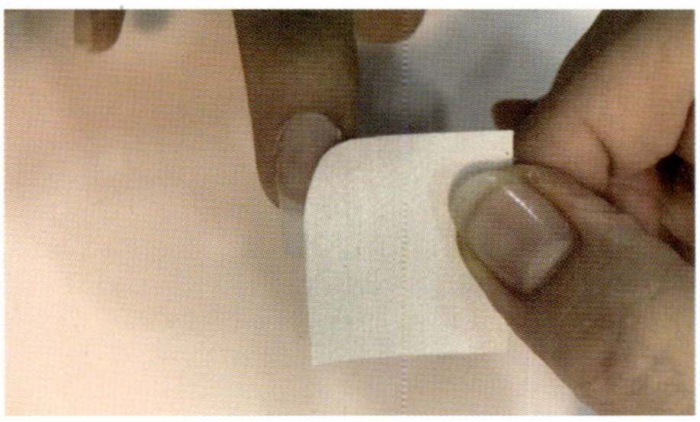

⑱ 네일 랩 재단하기

네일 랩을 큐티클 라인 부분의 코너를 둥글게 재단한다.

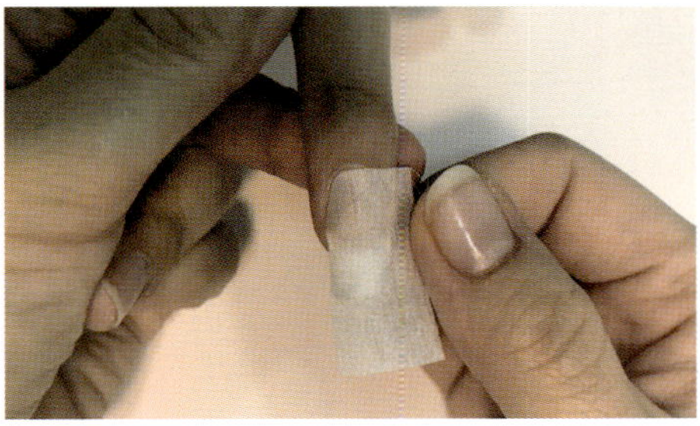

⑲ 랩 접착하기

랩을 큐티클 라인에서 1~2mm 정도 남기고 접착한다.

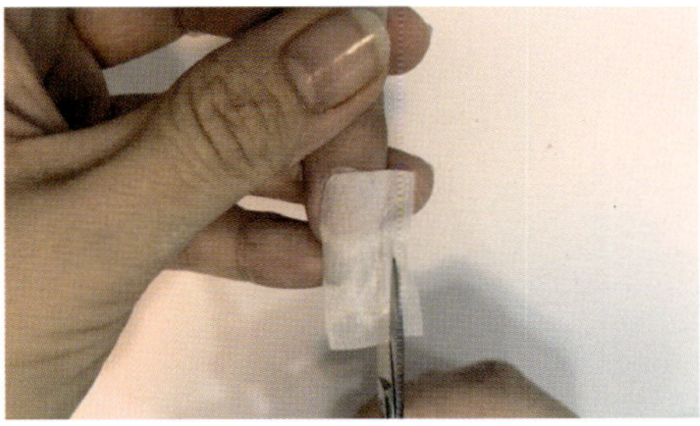

⑳ 랩 재단하기

네일 랩을 큐티클 라인의 왼쪽의 곡선과 동일하게 재단한다.

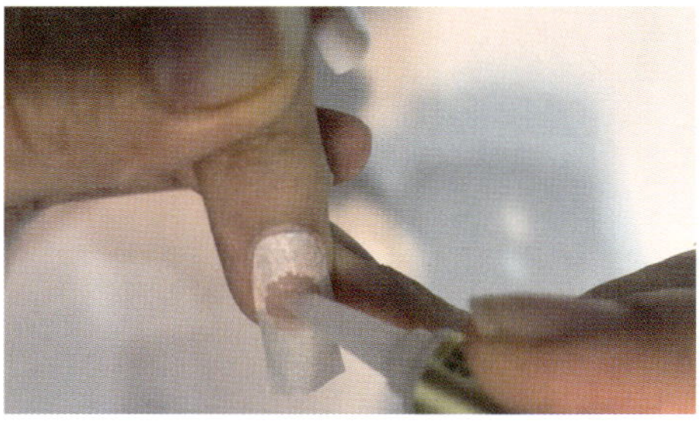

㉑ 글루 바르기

글루를 바르고 랩을 고정한다.

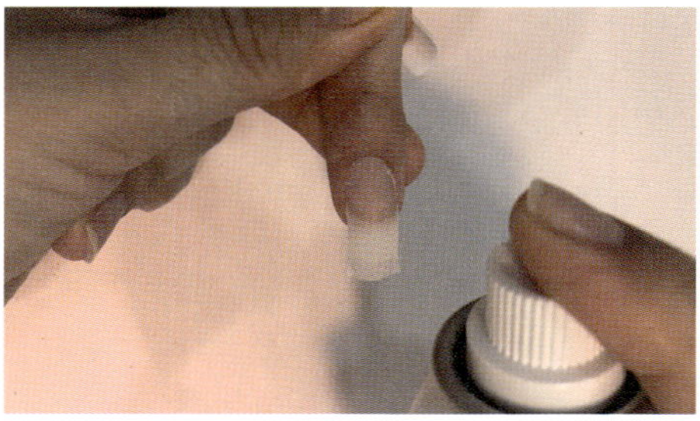

㉒ 글루 드라이 분사하기

10cm 이상의 거리를 두고 약하게 분사하여 건조시킨다.

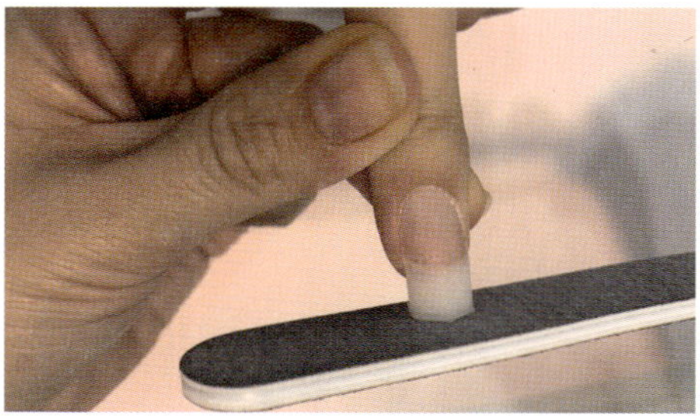

㉓ 길이 조절하기

파일을 사용하여 길이를 조절한다.

㉔ 랩 턱 정리하기

큐티클 라인과 사이드의 랩 턱을 매끄럽게 파일링한다.

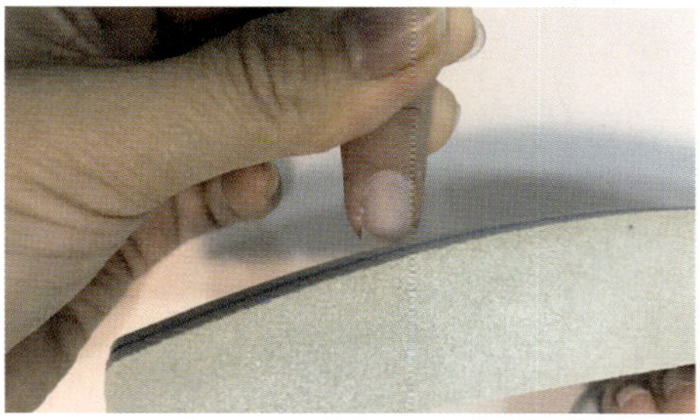

㉕ 표면 샌딩하기

샌딩 파일을 사용하여 네일의 표면을 다듬는다.

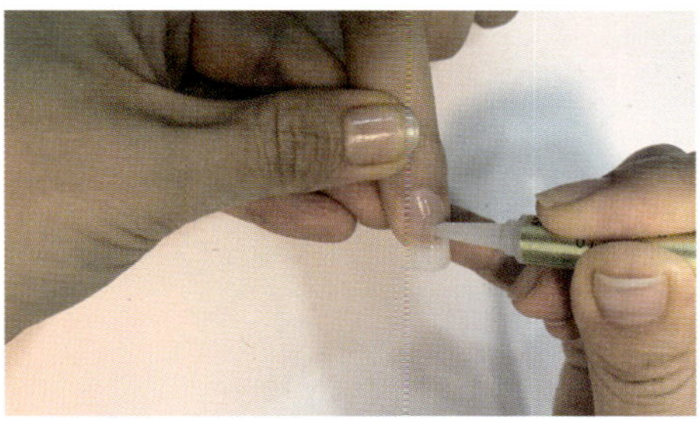

㉖ 글루 바르기

글루를 도포하여 파일링으로 인한 표면의 스크레치를 메워준다.

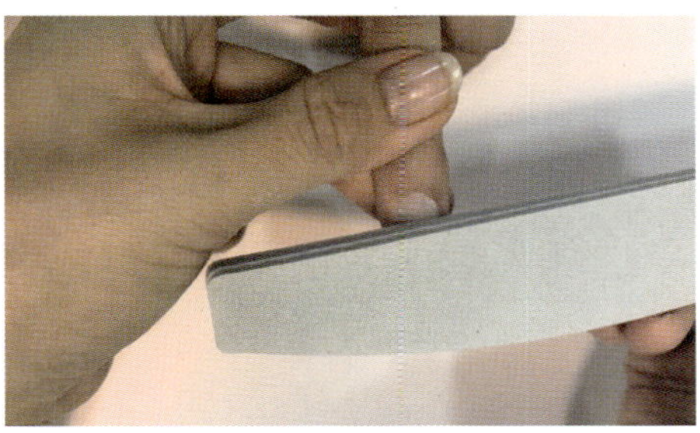

㉗ 표면 정리하기

샌딩 파일을 사용하여 네일 표면을 매끄럽게 정리한다.

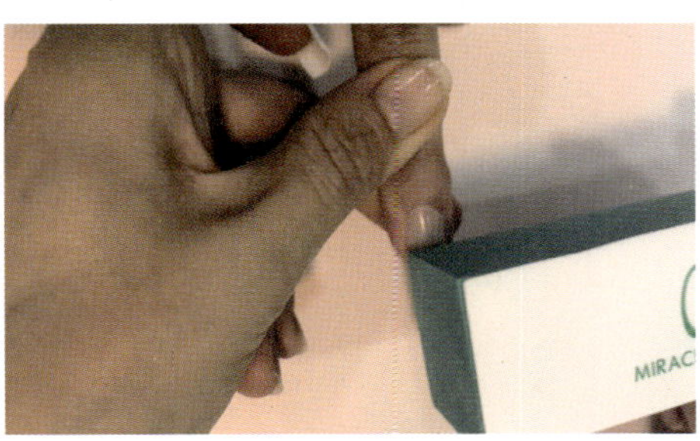

㉘ 광택 내기

광택용 파일을 사용하여 네일의 표면에 광택을 낸다.

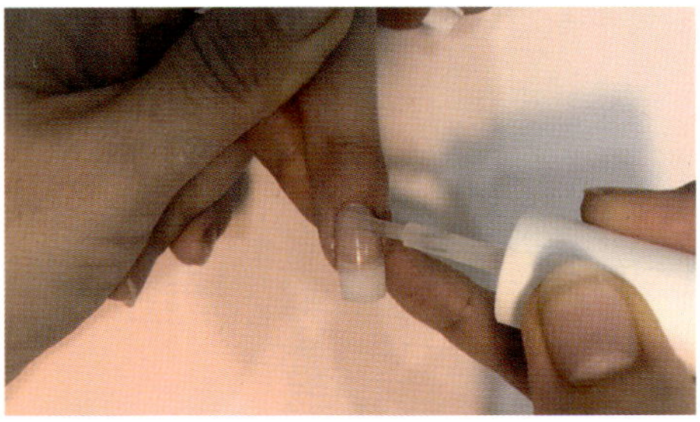

㉙ 큐티클 오일 바르기

큐티클 부분에 큐티클 오일을 바르고 손 전체를 닦아준다.

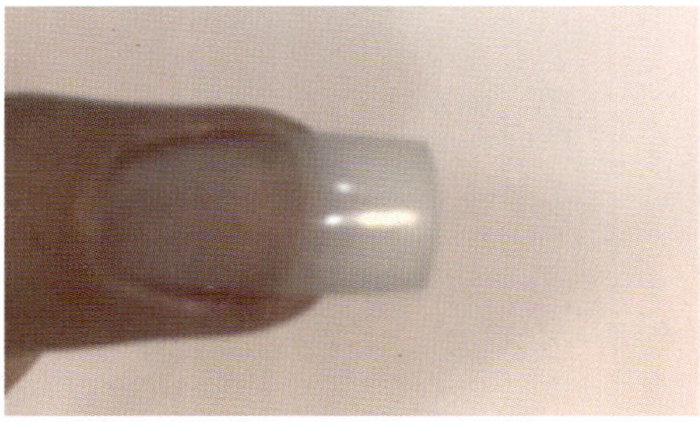

㉚ 완성하기

8. 네일 랩 익스텐션

1) 네일 랩 익스텐션의 정의

인조 팁을 사용하지 않고 네일 랩을 사용하여 네일의 길이를 연장시키는 시술 방법이다.

2) 사전 준비

① 테이블을 소독한다.

② 위생 처리된 흰색 타월을 깔고 그 위에 페이퍼 타월을 깔아 준다.

③ 네일 재료들을 재료정리함에 진열한다.

④ 소독용기 바닥에 솜을 깔고 소독액을 넣어 니퍼, 푸셔, 클리퍼, 오렌지 우드스틱, 더스트 브러시를 담가 둔다.

⑤ 파일꽂이에 자연 네일용 파일, 인조 네일용 파일, 샌딩 파일, 팁 커터, 가위를 꽂아준다.

⑥ 뚜껑이 있는 용기에 화장솜과 멸균거즈를 넣어둔다.

⑦ 위생봉지를 테이블 한쪽에 붙인다.

3) 재료 및 도구

흰색 타월	페이퍼 타월	클리퍼	큐티클 오일
화장솜	파일꽂이	더스트 브러시	보안경
손 소독제	에탄올	샌딩 파일	마스크
소독용기	오렌지 우드스틱	우드 파일	글루
화장솜 용기	필러파우더	지혈제	젤 글루
위생봉지	글루 드라이	실크	실크가위
손목 받침대	광택용 파일		

※ 프레퍼레이션preparation (자연 네일의 전처리)

인조 네일 시술 전에 반드시 해야 하는 전처리 과정으로 자연 네일의 유 · 수분을 제거하여 세균의 번식을 억제하고 인조 네일의 들뜸 현상을 방지하기 위한 사전 작업이다.

인조 네일의 지속력과 접착력을 높여주기 위해 프레퍼레이션 작업은 꼭 필요한 작업이다.

4) 시술순서

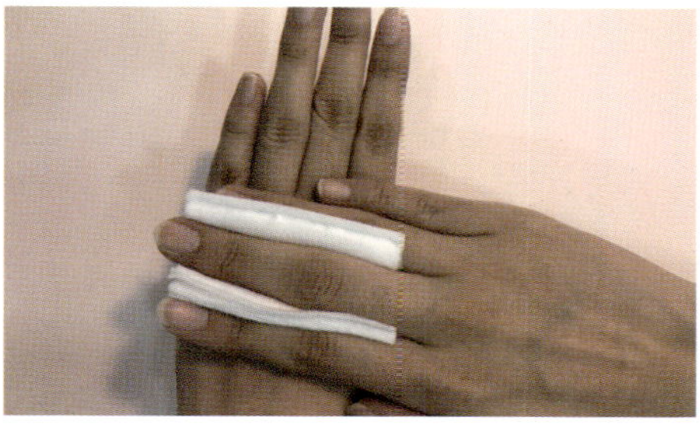

① 시술자 손 소독하기

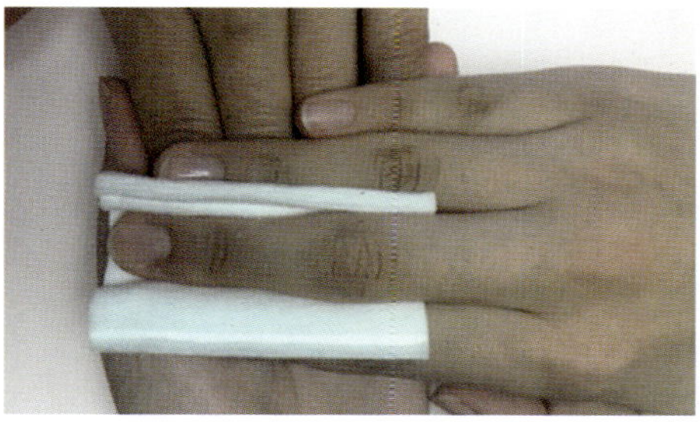

② 고객 손 소독하기

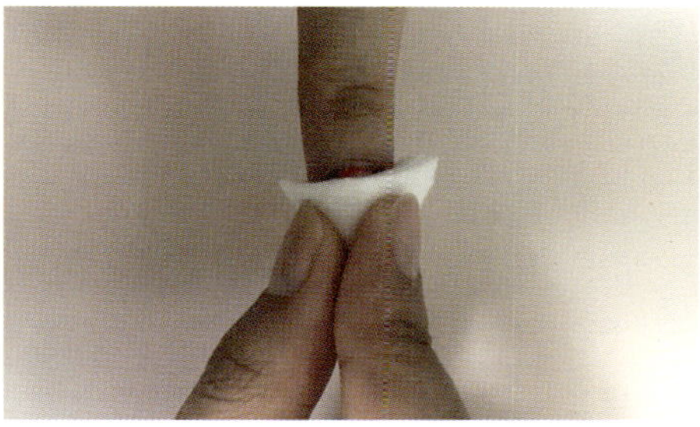

③ 네일 폴리시 제거하기

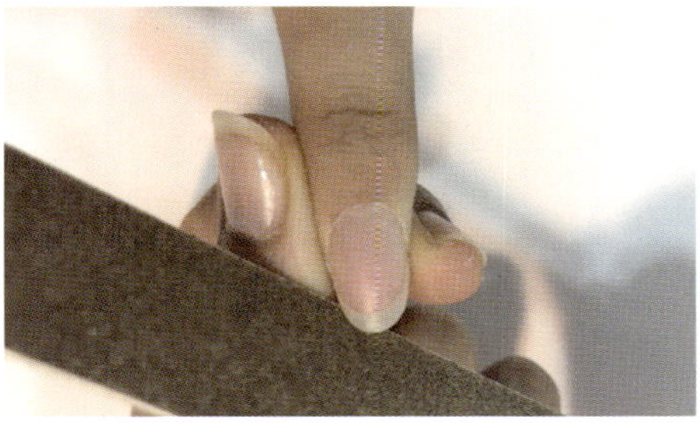

④ 네일 길이 및 모양잡기

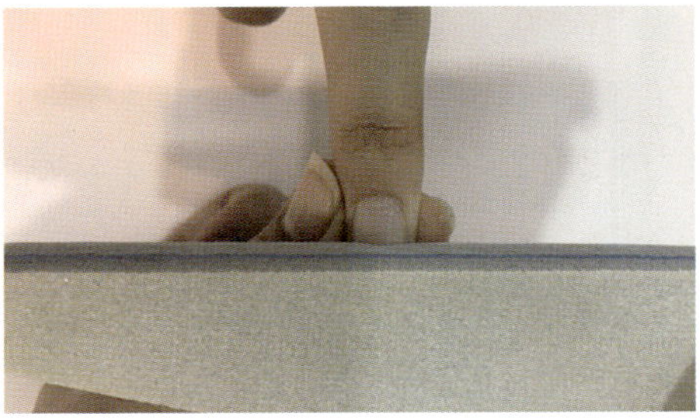

⑤ 표면 샌딩하기

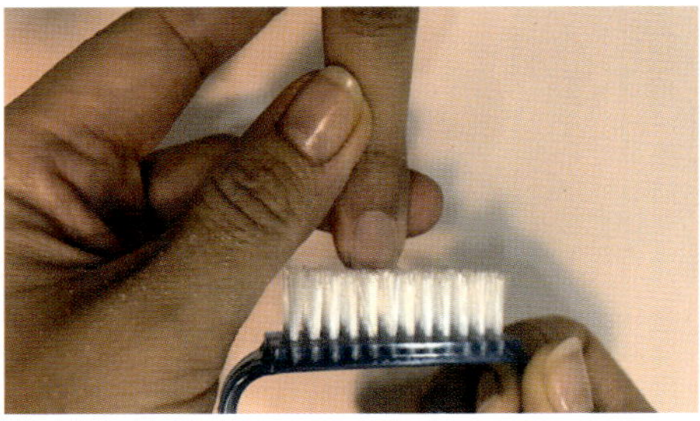

⑥ 분진 제거하기

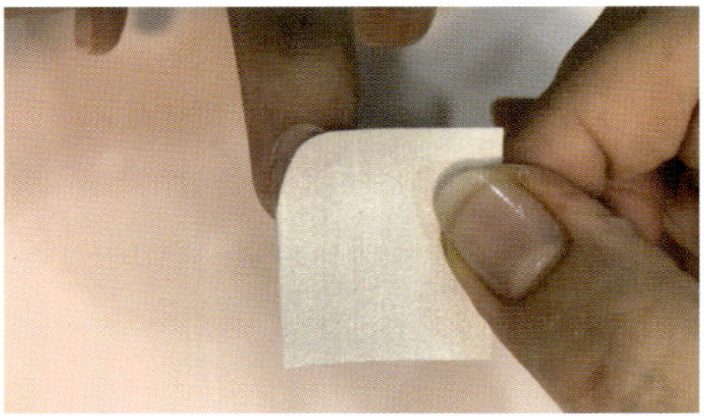

⑦ 랩 재단하기

네일 랩을 큐티클 라인 부분의 곡선과 동일하게 사다리꼴로 재단한다.

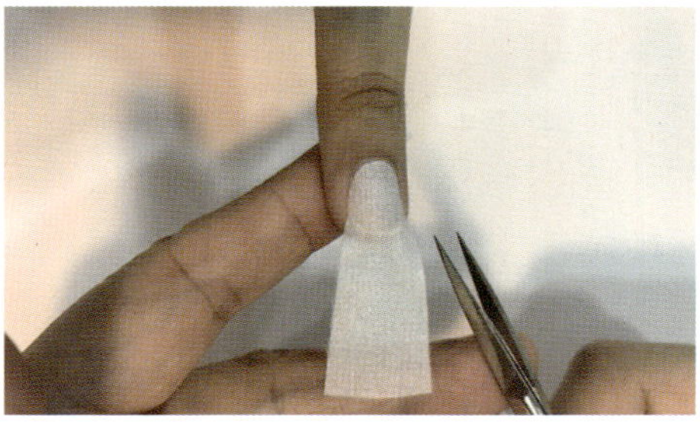

⑧ 랩 접착하기

랩을 큐티클 라인에서 1~2mm 정도 떨어져서 접착하고 양쪽 스트레스 포인트에 맞도록 접착한다.

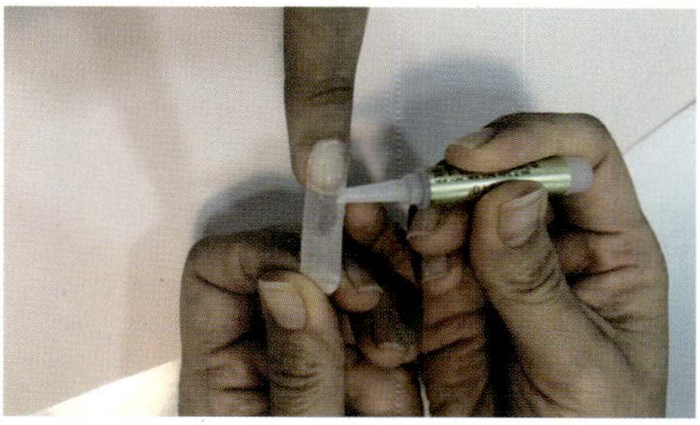

⑨ **글루 도포하기**(모양 잡기)

큐티클 라인부터 연장하고자 하는 길이보다 조금 넉넉하게 글루를 도포한다.

⑩ **필러파우더 뿌리기**

필러파우더를 랩 연장 부분에 소량씩 뿌려 두께를 조절한다. 글루와 필러파우더를 2~3회 반복해가며 C커브를 잡아준다.

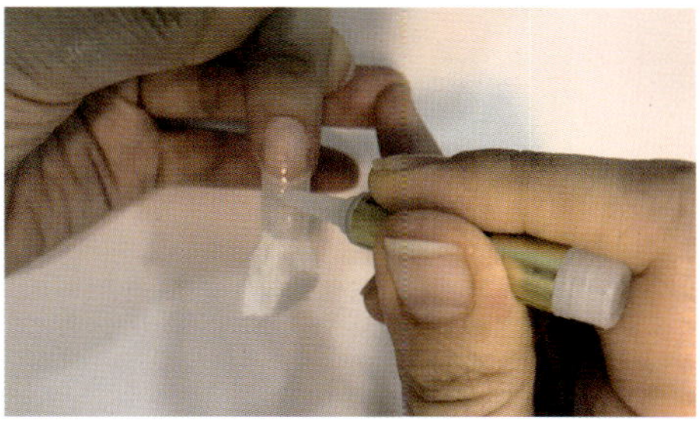

⑪ **글루 도포하기**

피부에 있는 필러파우더를 정리하며 글루가 아래로 흐르도록 도포한다.

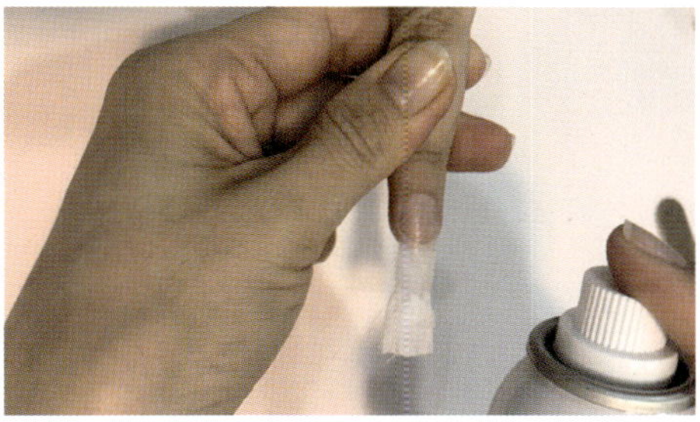

⑫ **글루 드라이 분사하기**

10cm 이상의 거리를 두고 약하게 분사하여 건조시킨다.

⑬ 길이 조절하기

클리퍼를 사용하여 길이를 조절한다.

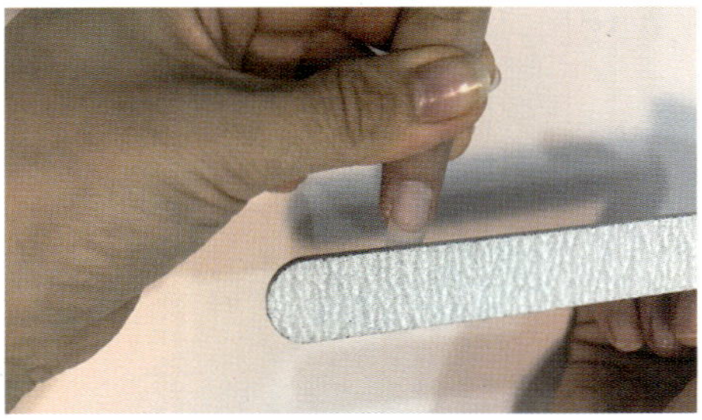

⑭ 표면 파일링하기

파일을 사용하여 랩 턱을 제거하고 스퀘어 모양을 만들며 파일링한다.

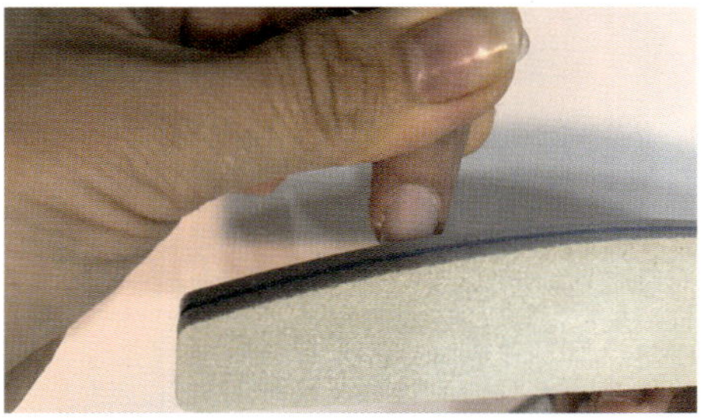

⑮ 표면 정리하기

샌딩 파일을 사용하여 매끄럽게 정리한다.

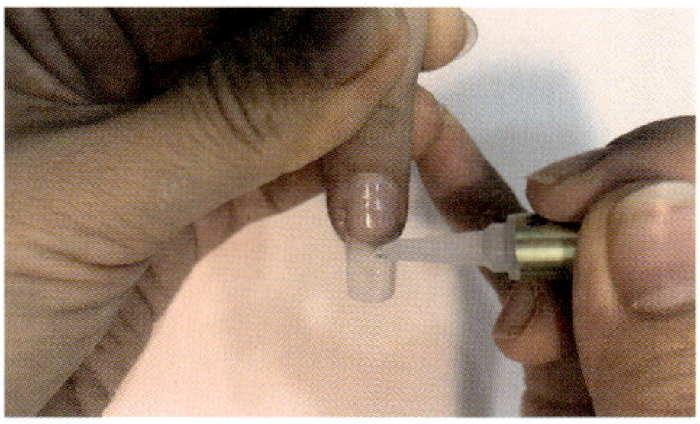

⑯ 글루 도포하기

글루를 도포하여 파일링으로 인한 표면의 스크래치를 메워준다.

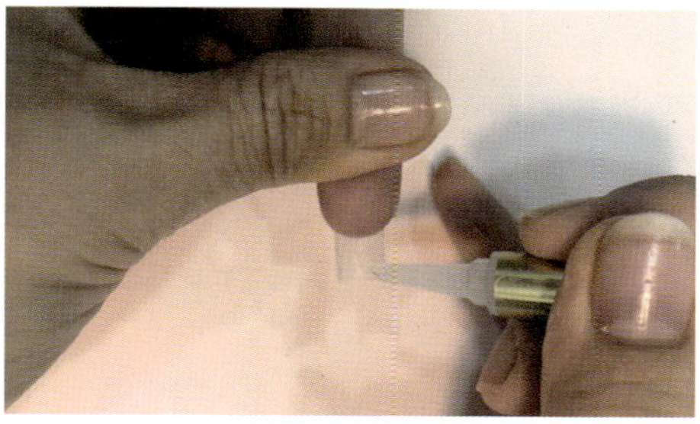

⑰ 글루 도포하기

투명도를 높이기 위해서 손톱을 뒤집어 안쪽의 프리에지까지 글루를 도포한다.

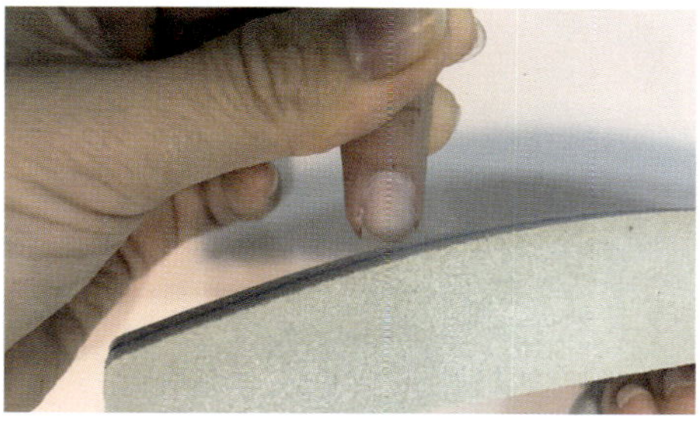

⑱ 표면 정리하기

샌딩 파일을 사용하여 네일 표면을 매끄럽게 정리한다.

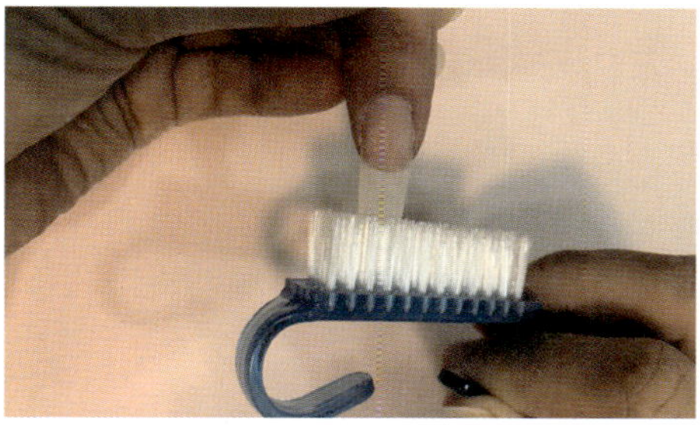

⑲ 분진 제거하기

더스트 브러시를 사용하여 분진을 제거한다.

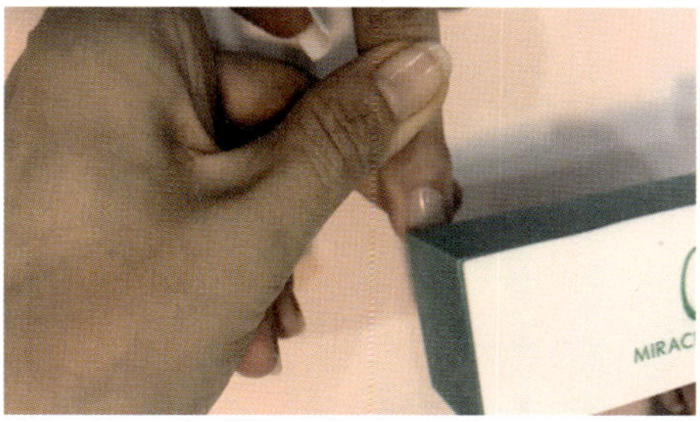

⑳ 광택 내기

광택용 파일을 사용하여 네일의 표면에 광택을 낸다.

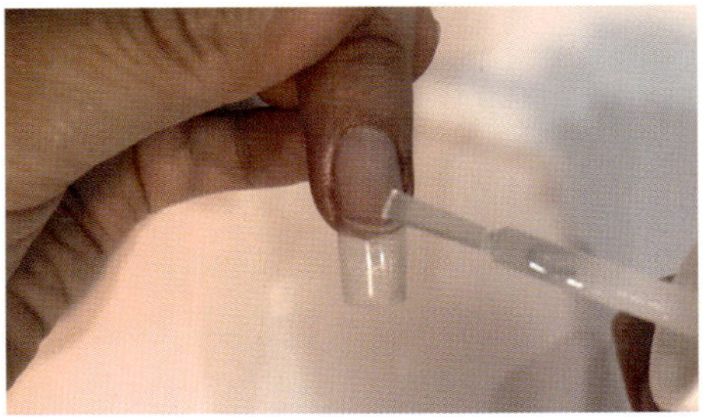

㉑ 큐티클 오일 바르기

큐티클 부분에 큐티클 오일을 바르고 손 전체를 닦아준다.

㉒ 완성하기

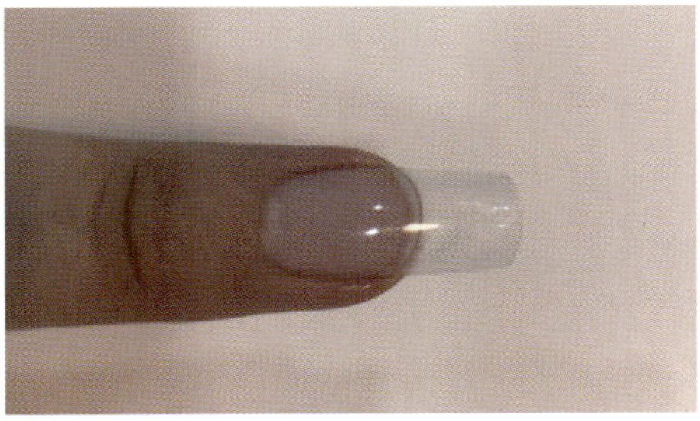

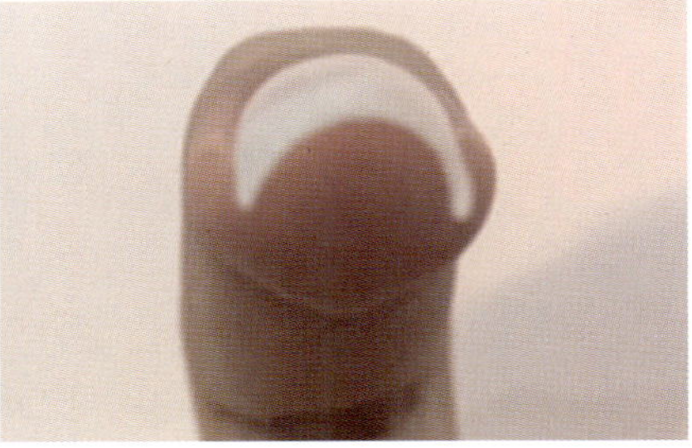

9. 아크릴 프렌치 스컬프처

1) 아크릴 프렌치 스컬프처의 정의

화이트 아크릴 파우더로 프리에지 모양을 만들고 클리어 파우더 또는 핑크 아크릴 파우더로 네일 바디 부분을 오버레이해서 네일의 길이를 연장하는 시술 방법이다.

2) 사전 준비

① 테이블을 소독한다.

② 위생 처리된 흰색 타월을 깔고 그 위에 페이퍼 타월을 깔아 준다.

③ 네일 재료들을 재료정리함에 진열한다.

④ 소독용기 바닥에 솜을 깔고 소독액을 넣어 니퍼, 푸셔, 클리퍼, 오렌지 우드스틱, 더스트 브러시를 담가 둔다.

⑤ 파일꽂이에 자연 네일용 파일, 인조 네일용 파일, 샌딩 파일을 꽂아준다.

⑥ 뚜껑이 있는 용기에 화장솜과 멸균거즈를 넣어둔다.

⑦ 디펜디시에 아크릴 리퀴드를 준비한다.

⑧ 위생봉지를 테이블 한쪽에 붙인다.

3) 재료 및 도구

흰색 타월	페이퍼 타월	프라이머	지혈제
화장솜	파일꽂이	아크릴 리퀴드	보안경
손 소독제	에탄올	아크릴 화이트 파우더	네일용 파일
소독용기	오렌지 우드스틱	아크릴 클리어 파우더	광택용 파일
화장솜 용기	큐티클 오일	아크릴 핑크 파우더	손목 받침대
위생봉지	더스트 브러시	네일 폼	마스크
아크릴 브러시	브러시 크리너	디펜디시	광택용 파일

※ 프레퍼레이션preparation (자연 네일의 전처리)

인조 네일 시술 전에 반드시 해야 하는 전처리 과정으로 자연 네일의 유 · 수분을 제거하여 세균의 번식을 억제하고 인조 네일의 들뜸 현상을 방지하기 위한 사전 작업이다.

인조 네일의 지속력과 접착력을 높여주기 위해 프레퍼레이션 작업은 꼭 필요한 작업이다.

4) 시술순서

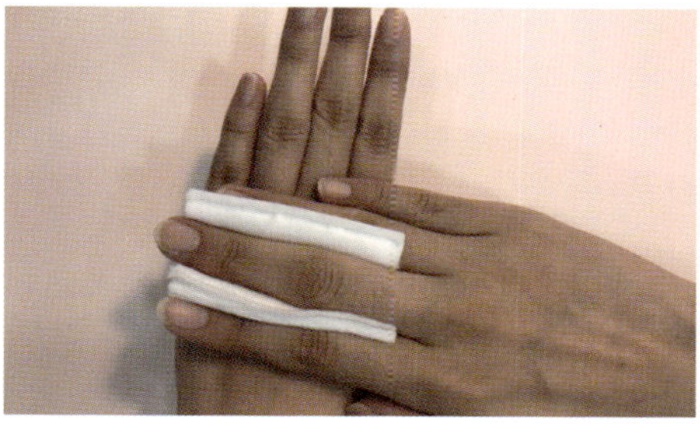

① 시술자 손 소독하기

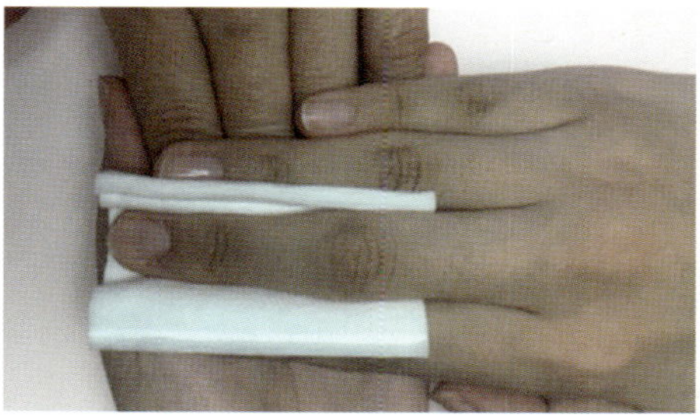

② 고객 손 소독하기

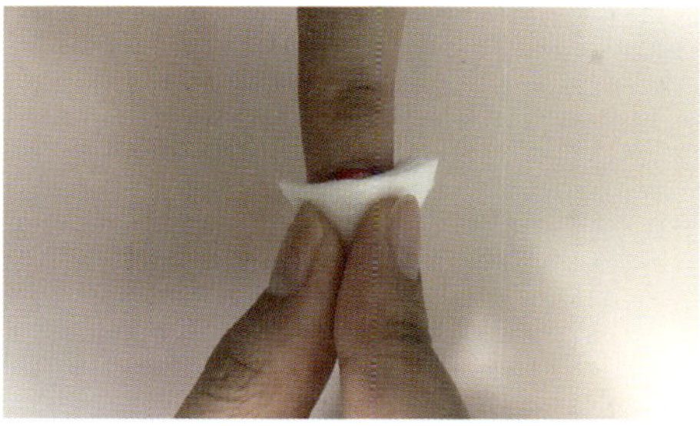

③ 네일 폴리시 제거하기

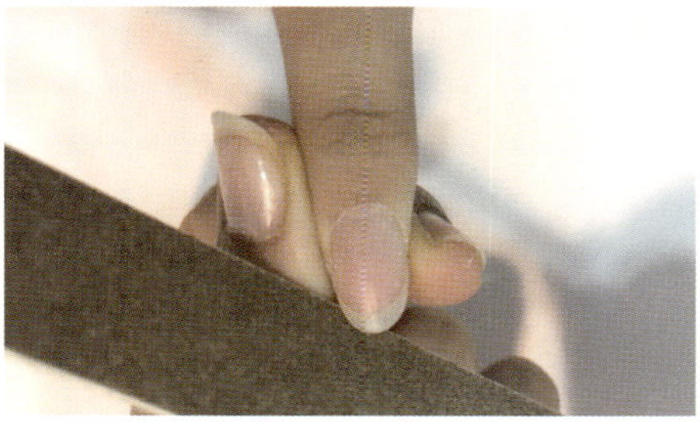

④ 네일 길이 및 모양잡기

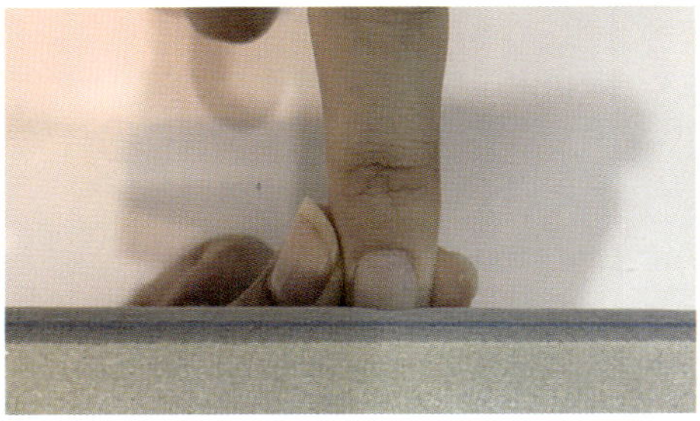

⑤ 표면 샌딩하기

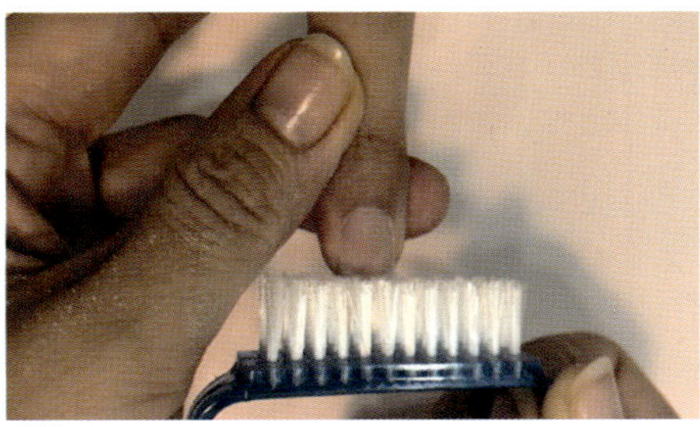

⑥ 분진 제거하기

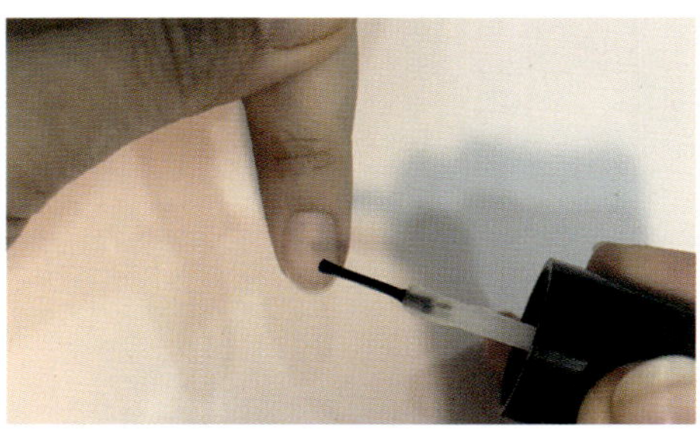

⑦ 프라이머 바르기

자연 네일에 프라이머를 소량 도포 한다.

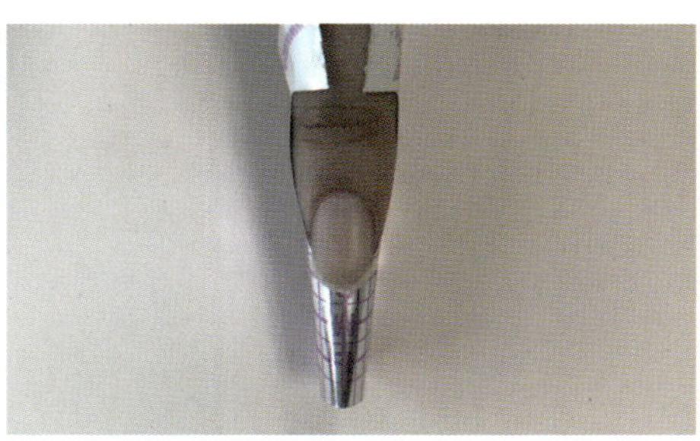

⑧ 네일 폼 끼우기

자연 네일과 네일 폼 사이에 공간이 없어야 하며 폼이 수평을 이루어야 한다.

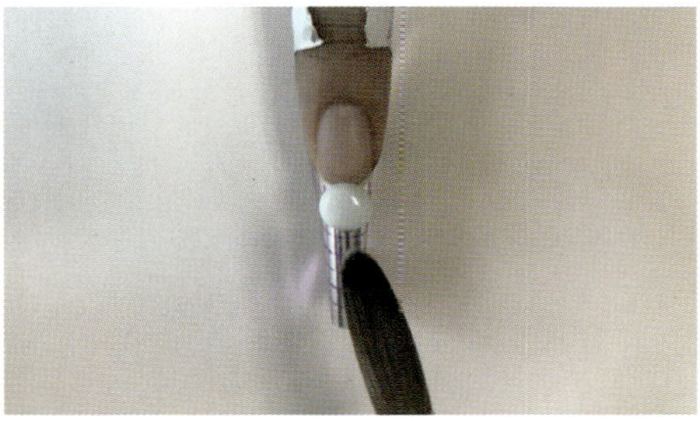

⑨ 화이트 볼 올리기

프리에지 부분에 화이트 아크릴 파우더 볼을 올려준다.

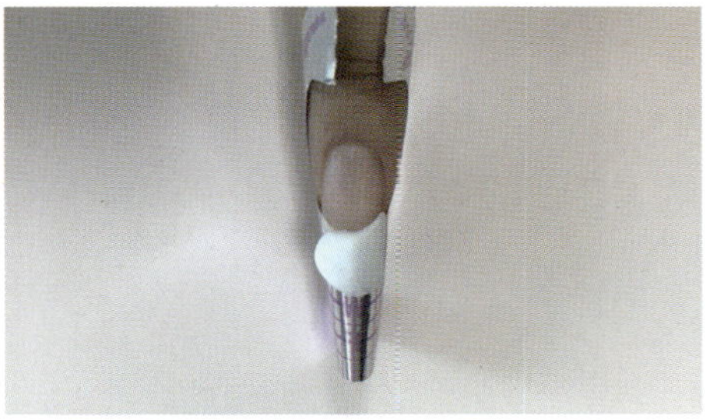

⑩ 프리에지 만들기

브러시를 사용하여 화이트 볼을 좌우로 펼쳐준다.

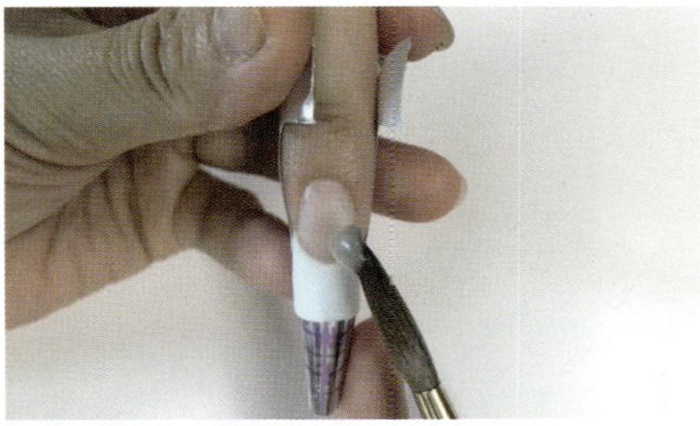

⑪ 클리어 볼 올리기

자연 네일과 스마일 라인 사이에 클리어 볼을 올려 하이포인트를 고려하여 프리에지와 연결한다. 큐티클 라인은 큐티클에 닿지 않도록 소량의 클리어 볼을 올려 얇게 펴서 자연스럽게 연결한다.

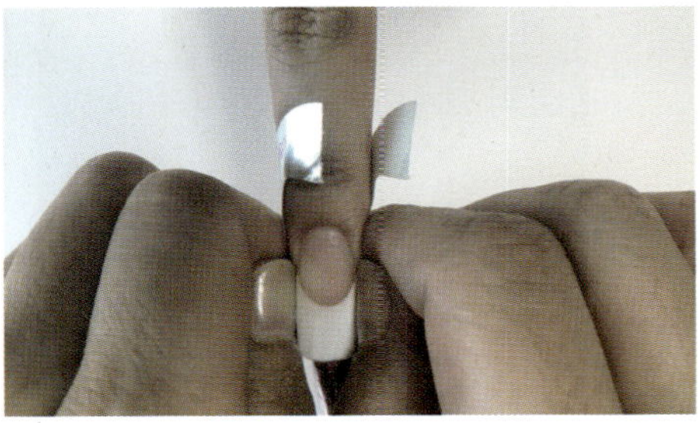

⑫ C커브 만들기

스트레스 포인트 부분을 양쪽 엄지 손톱으로 눌러주어 C커브 형태를 만들어 준 후 네일 폼을 제거한다.

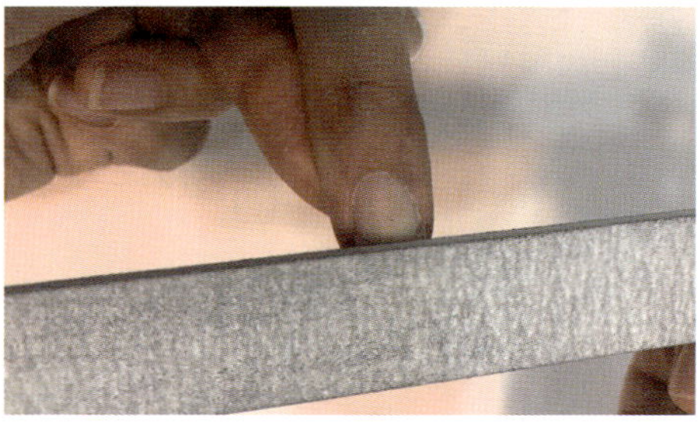

⑬ 표면 파일링하기

파일을 사용하여 길이와 모양을 만들고 두께와 하이포인트를 살려 표면을 매끄럽게 갈아준다.

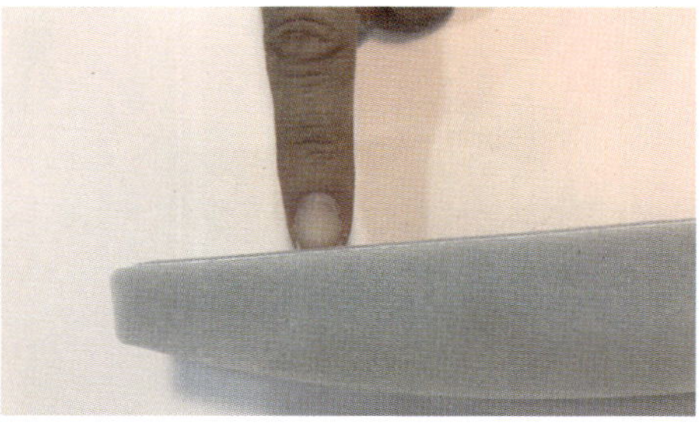

⑭ 표면 정리하기

샌딩 파일을 사용하여 매끄럽게 정리한다.

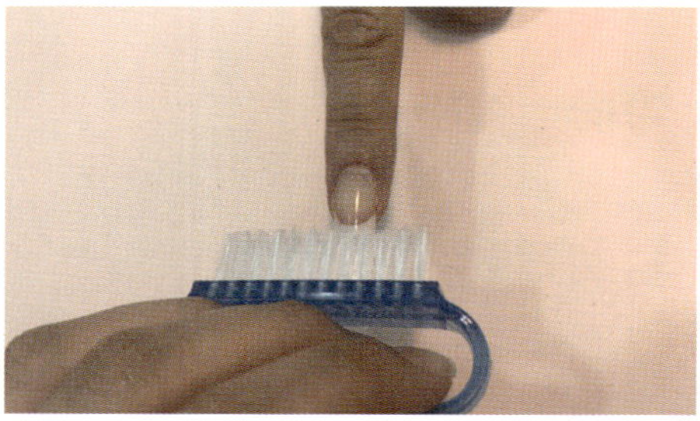

⑮ 분진 제거하기

더스트 브러시를 사용하여 분진을 제거한다.

⑯ 광택 내기

광택용 파일을 사용하여 네일의 표면에 광택을 낸다.

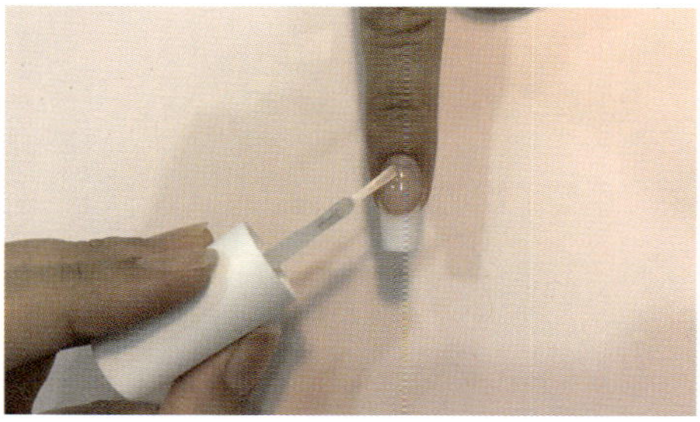

⑰ **큐티클 오일 바르기**

큐티클 부분에 큐티클 오일을 바르고 손 전체를 닦아준다.

⑱ 완성하기

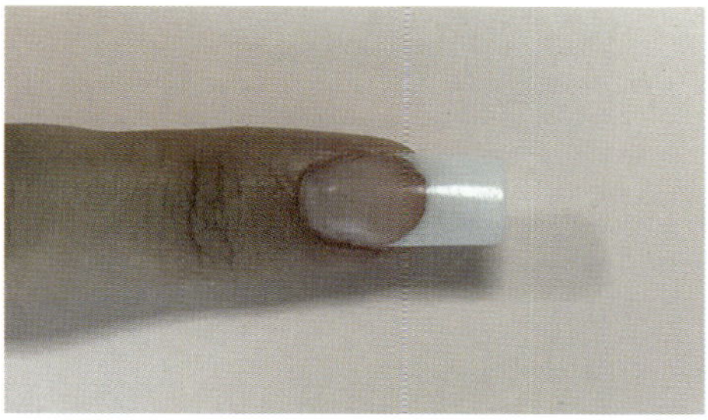

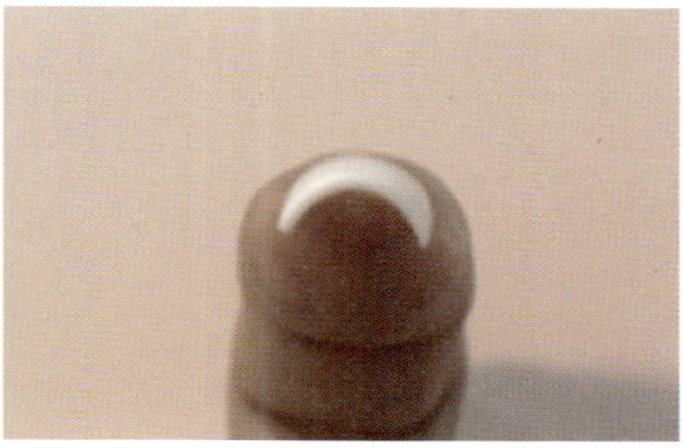

10. 젤 원톤 스컬프쳐

1) 젤 원톤 스컬프쳐의 정의

클리어 젤과 젤 램프를 사용하여 네일의 길이를 연장시키는 시술 방법이다.

2) 사전 준비

① 테이블을 소독한다.

② 위생 처리된 흰색 타월을 깔고 그 위에 페이퍼 타월을 깔아 준다.

③ 네일 재료들을 재료정리함에 진열한다.

④ 소독용기 바닥에 솜을 깔고 소독액을 넣어 니퍼, 푸셔, 클리퍼, 오렌지 우드스틱, 더스트 브러시를 담가 둔다.

⑤ 파일꽂이에 자연 네일용 파일, 인조 네일용 파일, 샌딩 파일을 꽂아준다.

⑥ 뚜껑이 있는 용기에 화장솜과 멸균거즈를 넣어둔다.

⑦ 위생봉지를 테이블 한쪽에 붙인다.

3) 재료 및 도구

흰색 타월	페이퍼 타월	클리퍼	젤 브러시
화장솜	파일꽂이	더스트 브러시	젤 램프
손 소독제	에탄올	샌딩 파일	클리어 젤
소독용기	오렌지 우드스틱	우드 파일	네일 폼
화장솜 용기	지혈제	보안경	젤 크리너
위생봉지	큐티클 오일	탑 젤	베이스 젤
손목 받침대	광택용 파일	프라이머	마스크

※ **프레퍼레이션preparation** (자연 네일의 전처리)

인조 네일 시술 전에 반드시 해야 하는 전처리 과정으로 자연 네일의 유·수분을 제거하여 세균의 번식을 억제하고 인조 네일의 들뜸 현상을 방지하기 위한 사전 작업이다.

인조 네일의 지속력과 접착력을 높여주기 위해 프레퍼레이션 작업은 꼭 필요한 작업이다.

4) 시술순서

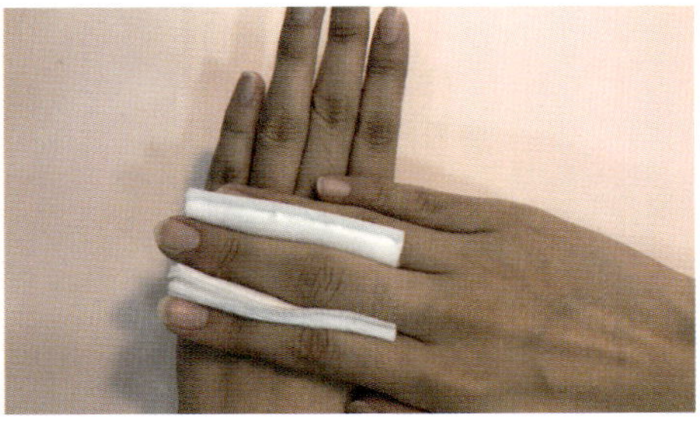

① 시술자 손 소독하기

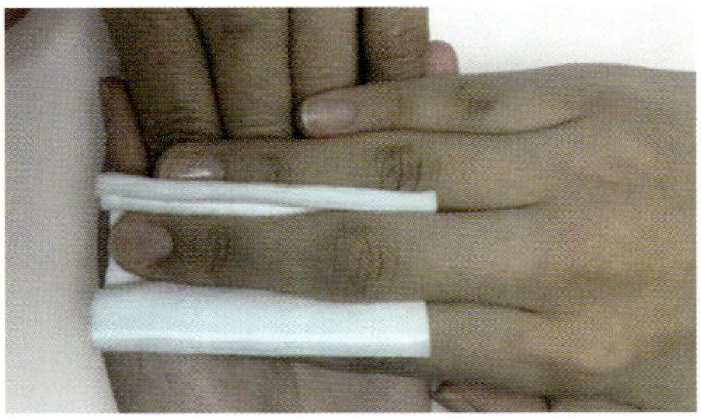

② 고객 손 소독하기

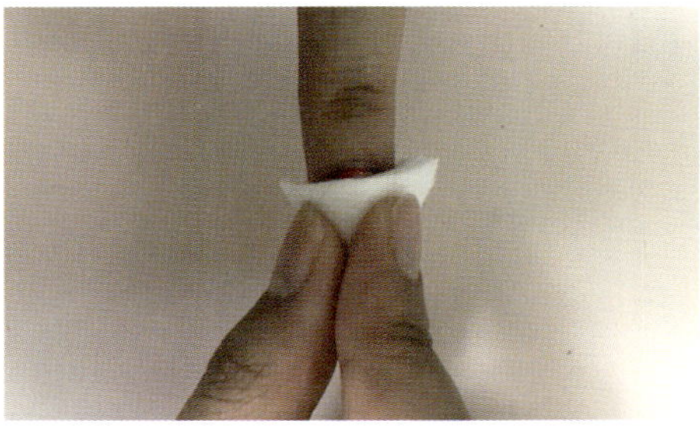

③ 네일 폴리시 제거하기

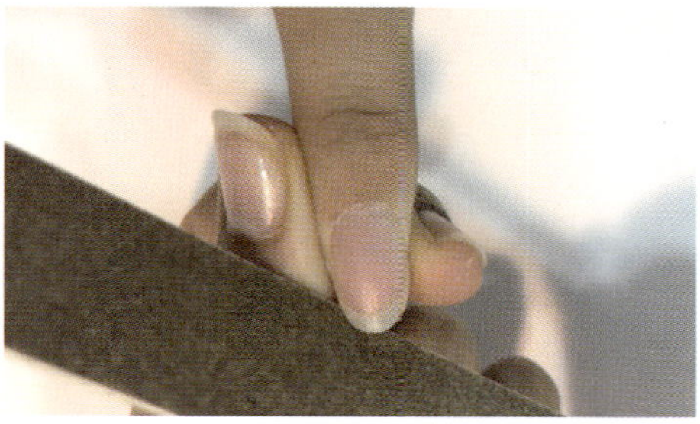

④ 네일 길이 및 모양잡기

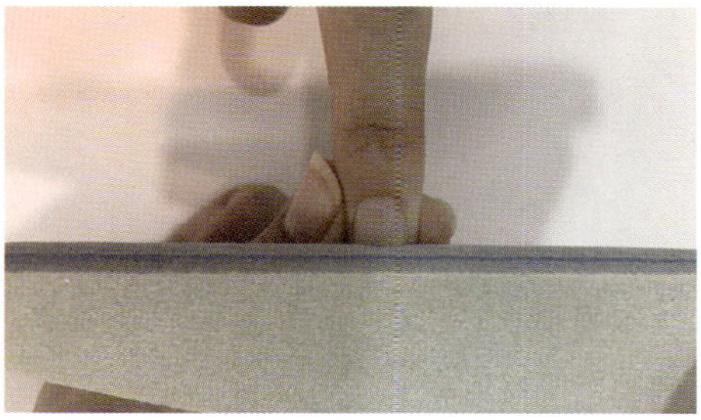

⑤ 표면 샌딩하기

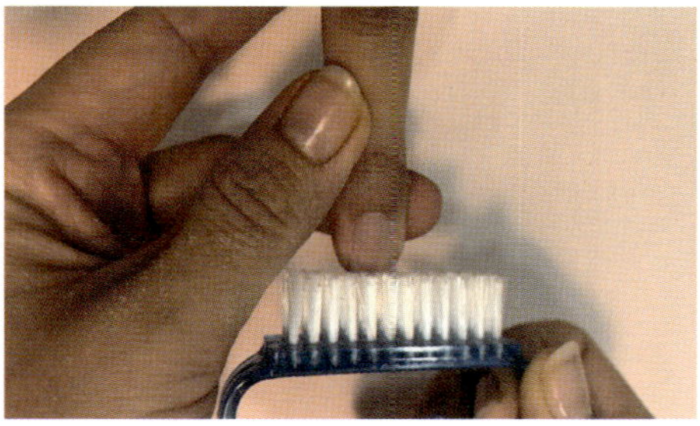

⑥ 분진 제거하기

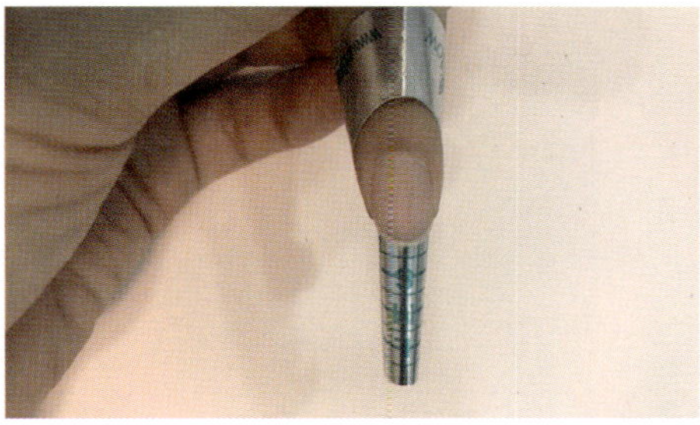

⑦ 네일 폼 끼우기

자연 네일과 네일 폼 사이에 공간이 없어야 하며 폼이 수평을 이루어야 한다.

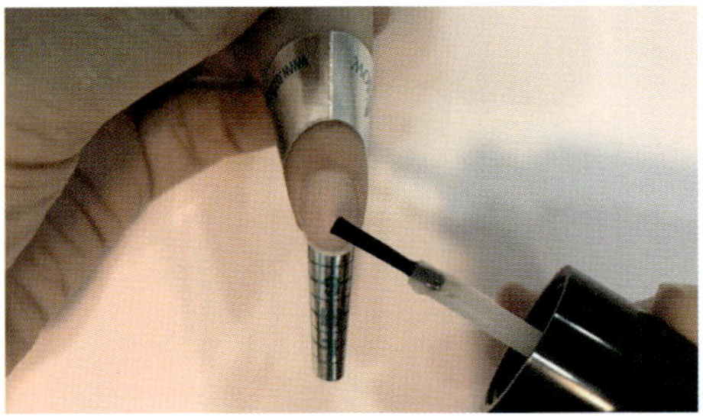

⑧ 프라이머 바르기

자연 네일에 프라이머를 소량 도포한다.

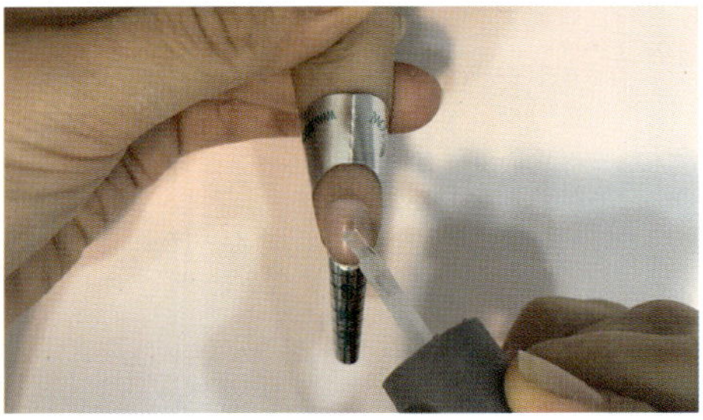

⑨ 베이스 젤 바르기

피부에 닿지 않게 베이스 젤을 바른다.

⑩ 큐어링하기

젤 램프에 베이스 젤을 경화시킨다.

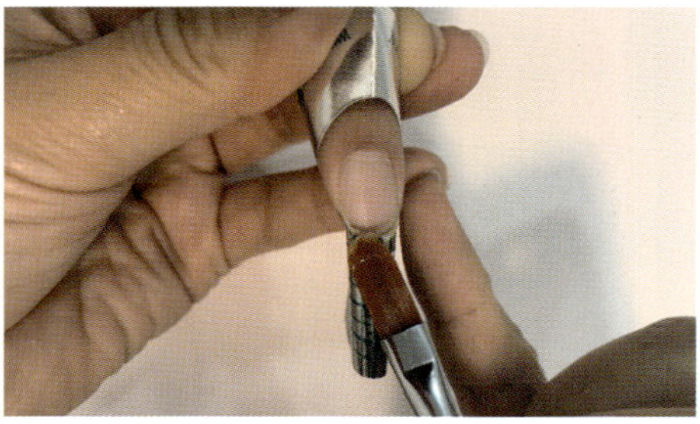

⑪ 클리어 젤 올리기 - 1

클리어 젤을 사용하여 프리에지 부분에 젤을 올리고 길이를 연장한다.

⑫ **큐어링하기**

젤 램프에 클리어 젤을 경화시킨다.

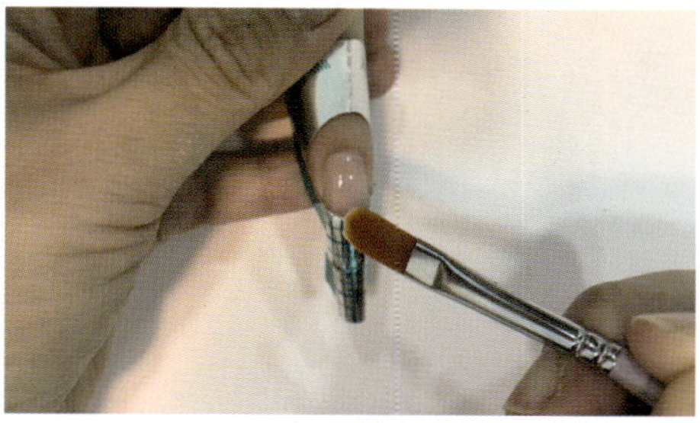

⑬ **클리어 젤 올리기 - 2**

클리어 젤을 자연 네일에 올려 큐티클 라인과 하이포인트를 고려하여 프리에지와 연결한다.

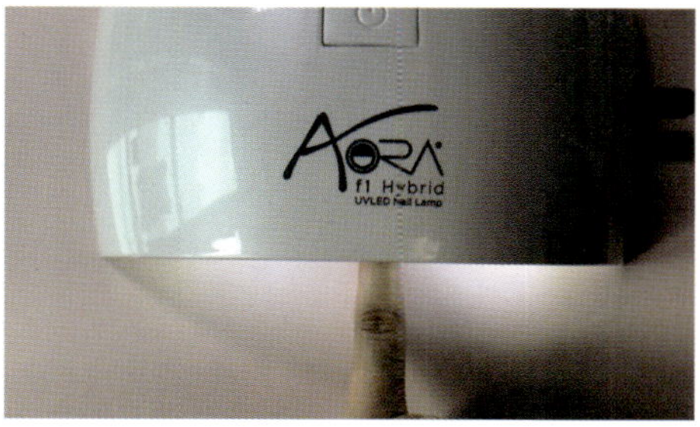

⑭ **큐어링하기**

젤 램프에 클리어 젤을 경화시킨다.

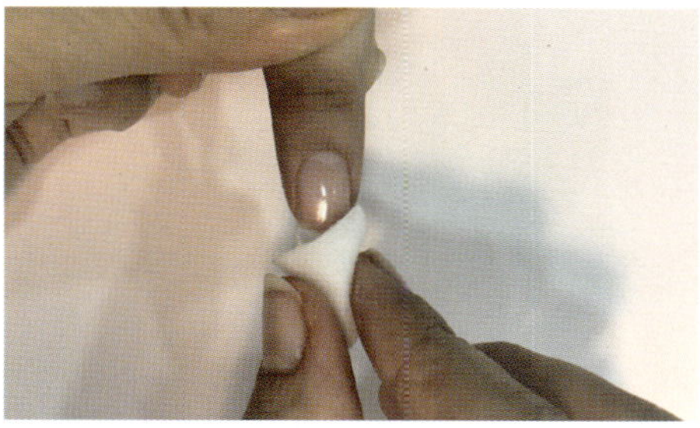

⑮ **젤 클리너로 닦아내기**

큐어링 후 젤의 끈적이는 미경화 젤을 젤 클리너로 닦아주면서 사이드에 핀칭을 준다.

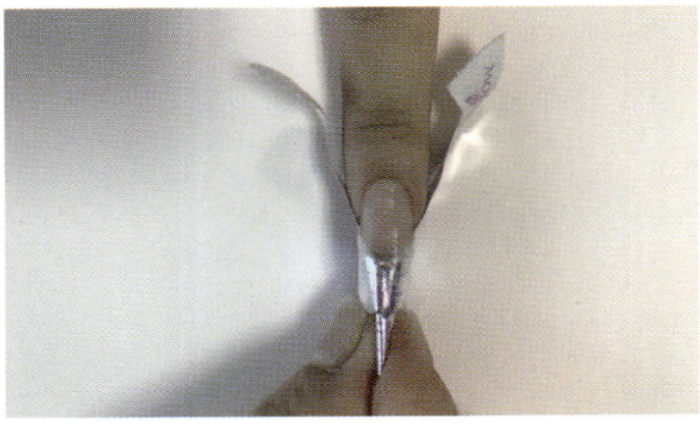

⑯ 폼 제거하기

프리에지 부분의 네일 폼을 아래 방향으로 떼어낸다.

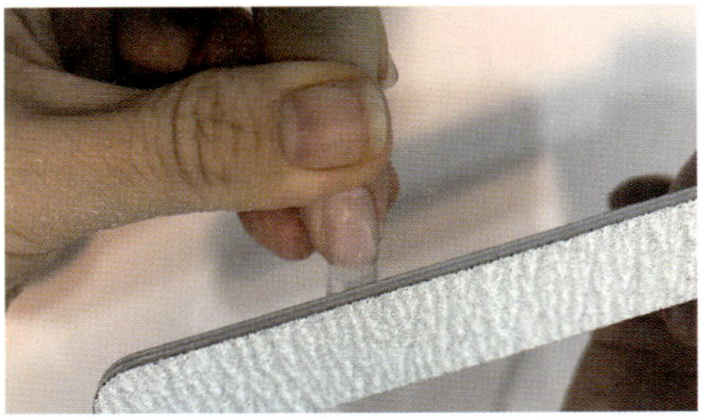

⑰ 표면 파일링하기

파일을 사용하여 스퀘어 모양을 만들고 표면을 매끄럽게 파일링 한다.

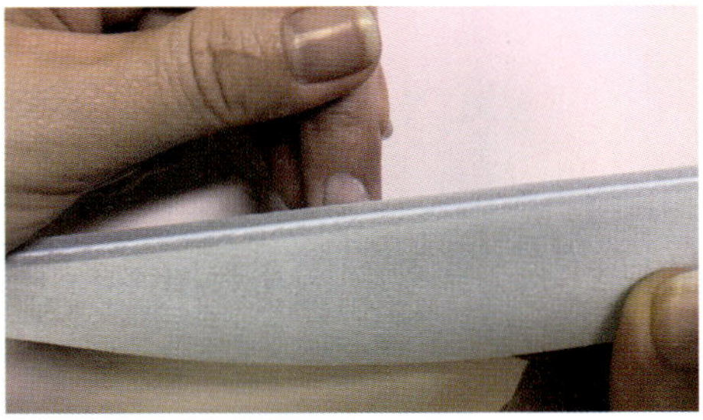

⑱ 표면 정리하기

샌딩 파일을 사용하여 매끄럽게 정리한다.

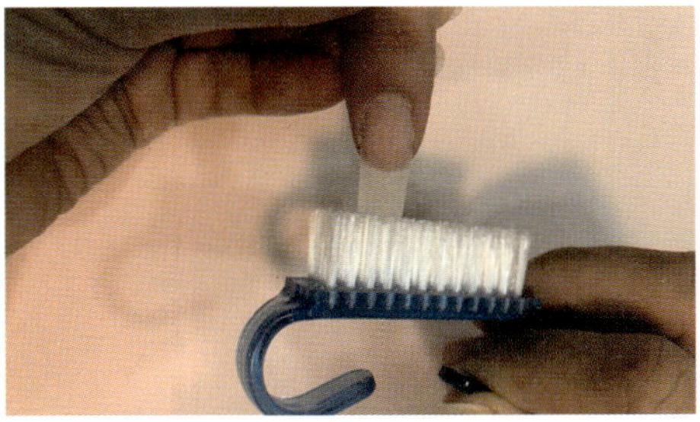

⑲ 분진 제거하기

더스트 브러시를 사용하여 분진을 제거한다.

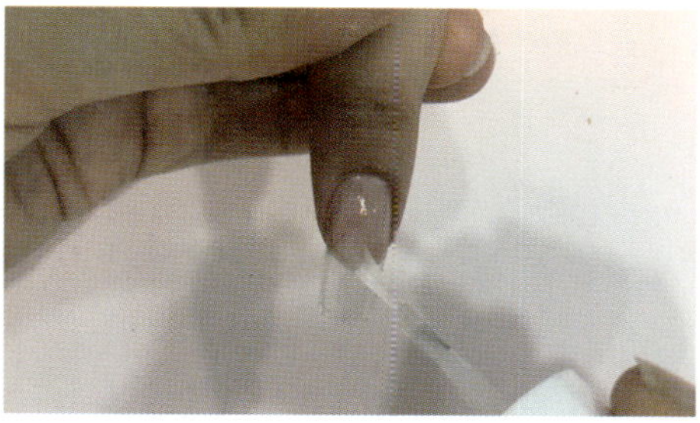

⑳ 탑 젤 바르기 → 큐어링하기

마무리 단계로 탑 젤을 바르고 젤 램프에서 큐어링한다.

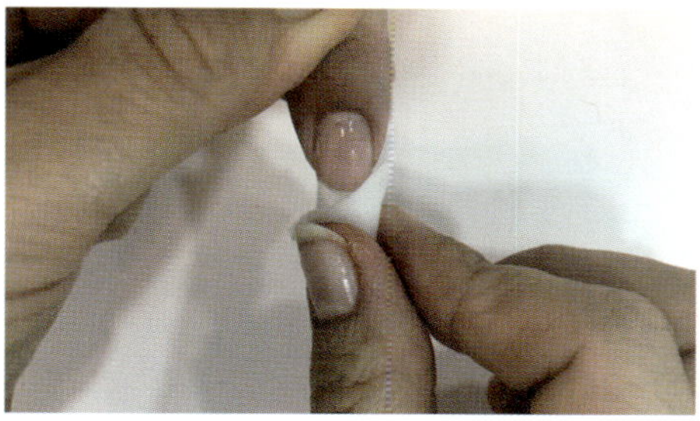

㉑ 젤 클리너로 닦아주기

큐어링 후 젤 클리너를 이용하여 끈적이는 미경화 젤을 닦아준다.

㉒ 완성하기

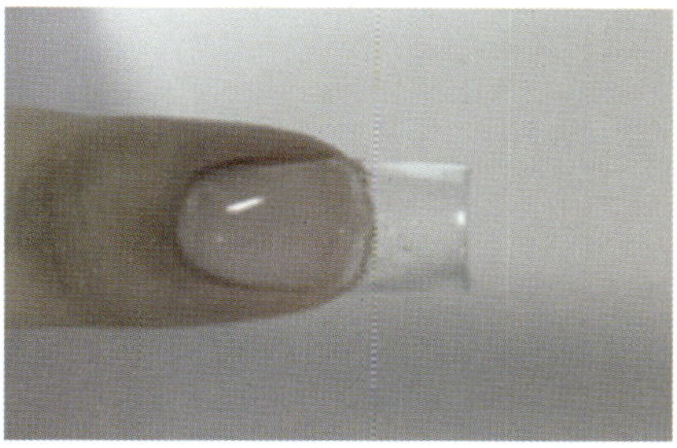

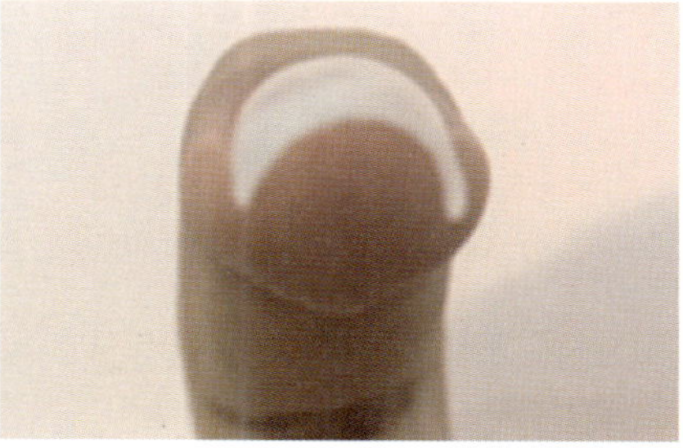

11. 인조네일 제거

네일을 보호하고 건강하게 유지하기 위하여 네일 위에 시술된 인조 네일을 올바른 방법으로 제거하고 마무리해야 한다.

1) 사전 준비

① 테이블을 소독한다.

② 위생 처리된 흰색 타월을 깔고 그 위에 페이퍼 타월을 깔아 준다.

③ 네일 재료들을 재료정리함에 진열한다.

④ 소독용기 바닥에 솜을 깔고 소독액을 넣어 니퍼, 푸셔, 클리퍼, 오렌지 우드스틱, 더스트 브러시를 담가 둔다.

⑤ 파일꽂이에 자연 네일용 파일, 인조 네일용 파일, 샌딩 파일, 팁 커터, 가위를 꽂아준다.

⑥ 뚜껑이 있는 용기에 화장솜과 멸균거즈를 넣어둔다.

⑦ 위생봉지를 테이블 한쪽에 붙인다.

2) 재료 및 도구

흰색 타월	페이퍼 타월	클리퍼	큐티클 오일
화장솜	파일꽂이	더스트 브러시	위생봉지
손 소독제	에탄올	샌딩 파일	마스크
소독용기	오렌지 우드스틱	우드 파일	손목 받침대
화장솜 용기	광택용 파일	지혈제	

3) 시술순서

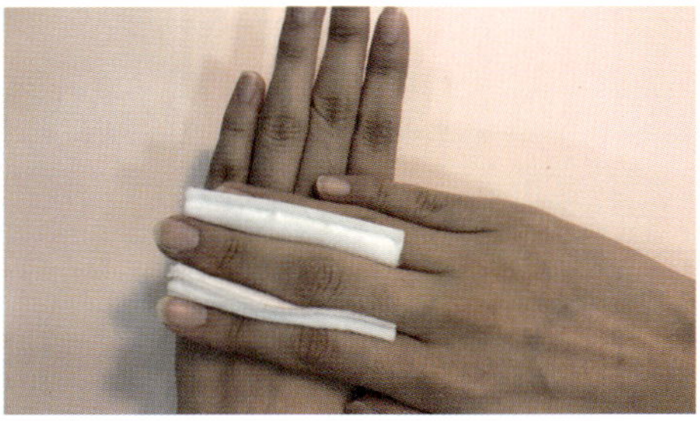

① 시술자 손 소독하기

손 소독제를 사용하여 시술자의 손을 소독한다.

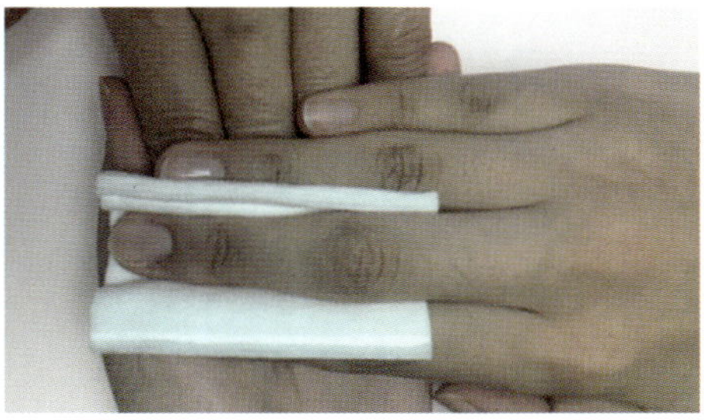

② 고객 손 소독하기

손 소독제를 사용하여 고객의 손을 소독한다.

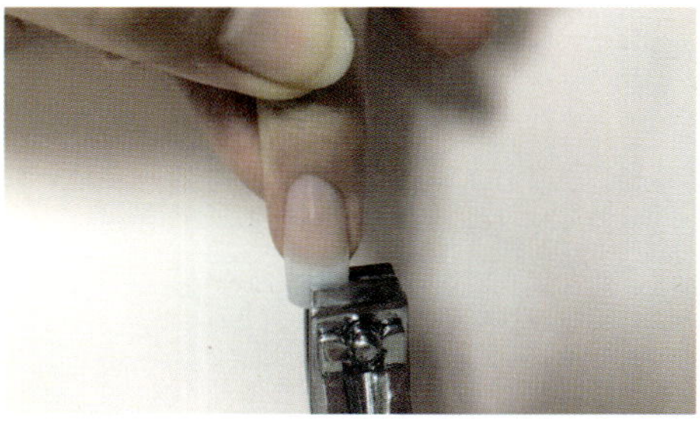

③ 네일의 길이 자르기

클리퍼를 사용하여 연장된 프리에지를 잘라낸다.

④ 표면 파일링하기

네일 파일로 인조 네일의 표면 두께를 적당히 갈아낸다.

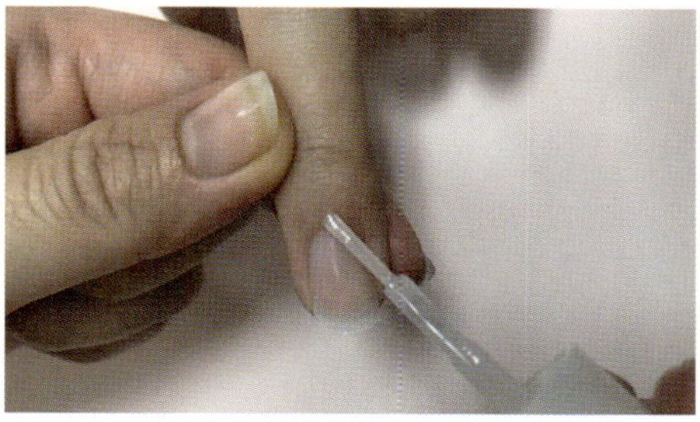

⑤ 큐티클 오일 바르기

피부의 보습을 위하여 큐티클 오일을 발라준다.

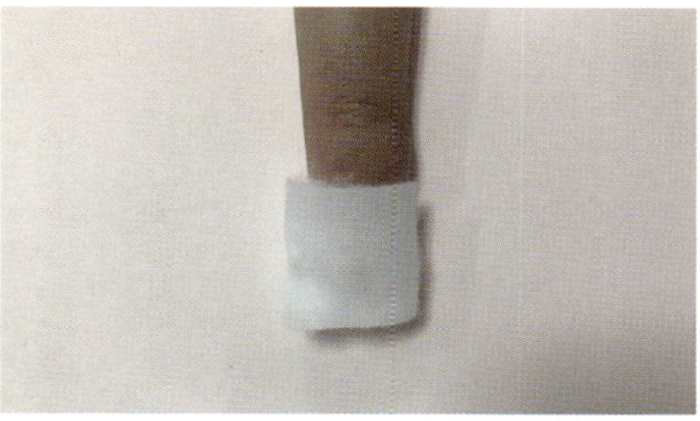

⑥ 솜에 아세톤 묻히기

절단 솜에 퓨어 아세톤을 묻혀 손톱 위에 올려놓는다.

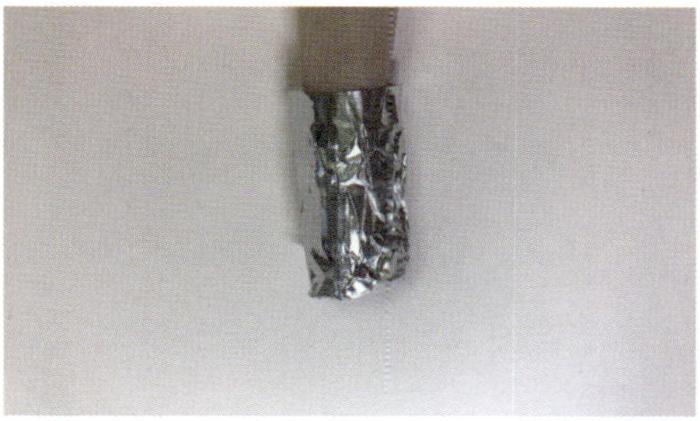

⑦ 호일로 감싸기

호일을 사용하여 공기가 통하지 않도록 손톱을 5~10분 감싼다.

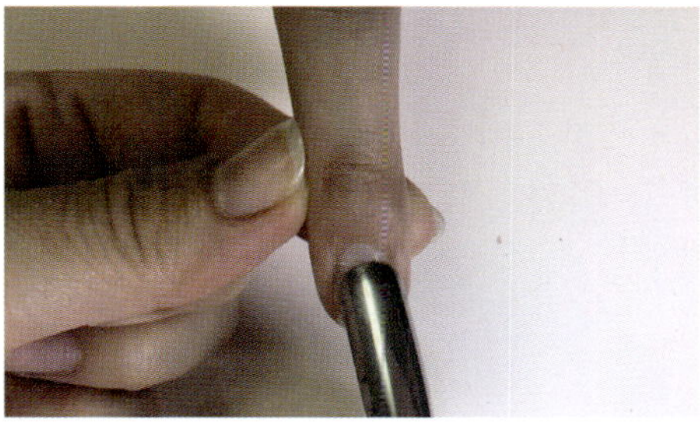

⑧ 잔여물 제거하기

푸셔나 오렌지 우드스틱을 사용하여 남아 있는 인조 네일을 살살 긁어준다.

⑨ 파일링하기

파일을 사용하여 표면을 매끄럽게 갈아준 후 라운드 모양을 만든다.

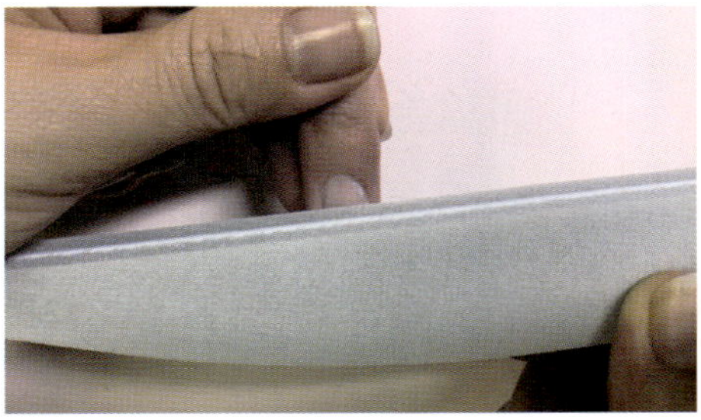

⑩ 표면 정리하기

샌딩 파일을 사용하여 표면을 매끄럽게 정리한다.

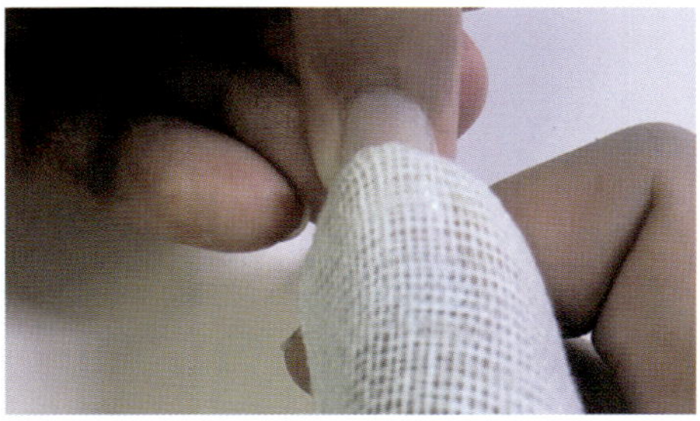

⑪ 마무리하기

손과 손톱 주변의 먼지를 제거한다. 큐티클 오일을 바르고 손과 손톱 전체를 깨끗이 닦는다.

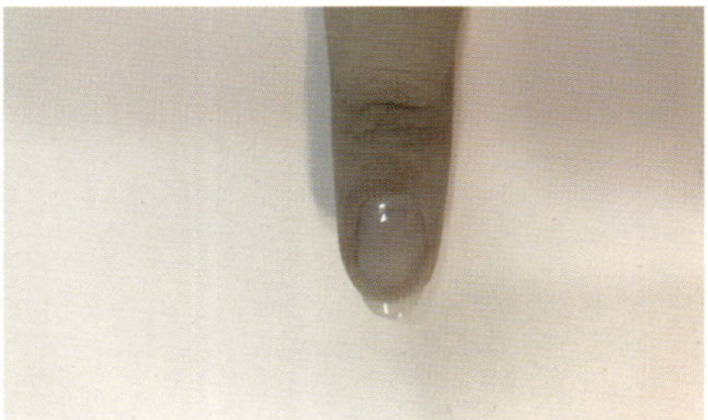

⑫ 완성하기

N · A · I · L B · A · S · I · C

부록

미용사(네일) 국가기술자격 실기시험문제

국가기술자격 실기시험문제

자격종목	미용사(네일)	과제명	〈전 과제 공통〉

※ 문제지는 시험종료 후 반드시 반납하시기 바랍니다.

※ 수험자 유의사항

다음 사항을 준수하여 실기시험에 임하여 주십시오. 만약 아래의 사항을 지키지 않을 경우, 시험장의 입실 및 수험에 제한을 받는 불이익이 발생할 수 있다는 점 인지하여 주시고, 시험위원의 지시가 있을 경우, 다소 불편함이 있더라도 적극 협조하여 주시기 바랍니다.

1. 수험자와 모델은 시험위원의 지시이 따라야 하며, 지정된 시간에 시험장에 입실해야 합니다.
2. 수험자는 수험표 및 신분증(본임임을 확인할 수 있는 사진이 부착된 증명서)을 지참해야 합니다.
3. 수험자는 반드시 반팔 또는 긴팔 흰색 위생복(일회용 가운 제외), 마스크(흰색), 긴바지(색상, 소재 무관)를 착용해야 하며, 복장에 소속을 나타내거나 암시하는 표식이 없어야 합니다.
4. 수험자 및 모델(사전 컬러링을 제외한)은 눈에 보이는 표식(예 : 네일 컬러링(자연손톱 색 외), 디자인, 손톱장식) 등이 없어야 하며, 표식이 될 수 있는 액세서리(예 : 반지, 시계, 팔찌, 발찌, 목걸이, 귀걸이 등)를 착용할 수 없습니다.
5. 수험자는 시험 중에 관리상 필요한 이동을 제외하고, 지정된 자리를 이탈하거나 모델 또는 다른 수험자와 대화할 수 없습니다.
6. 과제별 시험 시작 전 준비시간에 해당 시험 과제의 모든 준비물을 정리함(흰색 바구니)에 담아 세팅하여야 하며, 시험 중에는 도구 또는 재료를 꺼낼 수 없습니다.
7. 지참하는 준비물은 시중에서 판매되는 제품이면 무방하며, 브랜드를 따로 지정하지 않습니다.
8. 수험자가 도구 또는 재료에 구별을 위해 표식(스티커 등)을 만들어 붙일 수 없습니다.
9. 수험자는 위생봉투(투명비닐)를 준비하여 쓰레기봉투로 사용할 수 있도록 작업대에 부착합니다.
10. 수험자 또는 모델은 스톱워치나 핸드폰을 사용할 수 없습니다.
11. 시험 종료 후 소독제, 폴리시 리무버 등의 용액은 반드시 수험자가 가져가야 합니다(쓰레기통이나 화장실에 버릴 수 없습니다.).

12. 수험자와 모델은 보안경 또는 안경(무색, 투명)을 지참하여 필요한 작업 시 착용해야 합니다.

13. 모델은 만 14세 이상의 신체 건강한 남, 여(년도기준)로 아래의 조간에 해당하지 않아야 합니다.

① 자연 손톱이 열 개가 아니거나 열 개 모두 사용할 수 없는 자(단, 발톱은 한쪽 발 기준으로 자연 발톱이 다섯 개가 아니거나 다섯 개를 사용할 수 없는 자)

② 손·발톱 미용에 제한을 받는 무좀, 염증성 손·발톱 질환을 가진 자

③ 호흡기 질환, 민감성 피부, 알레르기 등이 있는 자

④ 임신 중인 자

⑤ 정신질환자

※ 수험자가 동반한 모델도 신분증을 지참하여야 하며, 공단에서 지정한 신분증을 지참하지 않을 경우, 모델로 시험에 참여가 불가능합니다.

14. 모델은 마스크(흰색) 및 긴바지(색상, 소재무관), 흰색 무지 상의(소재 무관, 남방류 및 니트류 허용, 유색 무늬 불가, 아이보리색 등 포함 유색 불가)를 착용해야 합니다.

15. 모델의 손·발톱 상태는 자연 손·발톱 그대로여야 하며 손·발톱이 보수되어 있을 경우 오른손, 왼손, 오른발 각 부위별 2개까지 허용하며, 자연 손톱 상태로 길이 연장 등도 가능합니다(단, 오른속 3, 4지는 제외).

16. 모델의 오른손·발 1~5지의 손·발톱은 큐티클 정리가 충분히 가능한 상태로, 오른속 1~5지의 손톱은 스퀘어 또는 스퀘어 오프형으로 사전 준비되어야 하고, 오른발 1~5지의 발톱은 라운드 또는 스퀘어 오프형으로 사전 준비되어야 하며, 오른손 1~5지와 오른발 1~5지의 손·발톱은 펄이 미함유된 빨간색 네일 폴리시가 사전에 완전히 건조된 상태로 2회 이상 플코트로 사전에 도포되어 있어야 합니다.

17. 2과제 젤 매니큐어 과제는 습식케어가 생략되므로 모델의 왼손 1~5지의 손톱은 큐티클 정리 등의 사전 준비 작업이 되어있어야 하며, 손톱 프리에지 형태는 스퀘어 또는 오프 스퀘어형이어야 합니다.

18. 1과제 패디큐어 시 분무기를 이용하여 습식케어를 하며 신체의 손상이 있는 등 불가피한 경우, 왼발로 대체 가능합니다.

19. 1과제 매니큐어 작업(30분) 종료 후 시험위원의 지시에 따라 모델은 작업대 위에 앉은 후 의자에 앉아있는 수험자의 무릎에 작업대상 발을 올리는 자세로 패디큐어 작업(30분)을 할 수 있도록 준비해야 합니다.

20. 작업 시 사용되는 일회용 재료 및 도구는 반드시 새것을 사용하고, 과제 시작 전 사용에 적합한 상태를 유지하도록 미리 준비합니다.

※ 폴릿·쏙오프 전용 리무버, 젤 클렌저, 소독제를 제외한 주요 화장품을 덜어서 가져오면 안됩니다.

※ 네일 파일류는 폐기대상에서 제외합니다.

21. 출혈이 있는 경우 소독된 탈지면이나 거즈 등으로 출혈부위를 소독해야 합니다.

22. 작업 시 네일 주변 피부에 잔여물이 묻지 않도록 하여야 하며, 손·발 및 네일 표면과 네일 아래의 거스러미, 분진 먼지, 불필요한 오일 등은 깨끗이 제거되어야 합니다.

23. 제시된 시험시간 안에 모든 작업과 마무리 및 주변 정리정돈을 끝내야 하며, 시험시간을 초과하여 작업하는 경우는 해당 과제를 0점 처리합니다.

24. 1과제 종료 후 2과제 시작 전 준비시간에 기 작업된 1과제 패디큐어 작업분을 변형 혹은 제거해야 합니다.

25. 2과제 종료 후 3과제 준비시간 전에 시험위원의 지시에 따라 인조 네일 4가지 유형 중 선정된 1가지 과제의 재료만을 3과제 시작 전 미리 작업에 준비해야 합니다.

26. 시험 종료 후 시험위원의 지시에 따라 왼손 1~5지 손톱에 기 작업된 2과제 젤 매니큐어 작업분과 4과제 인조 네일제가 제거하지 않은 오른손 3지 또는 4지 손톱의 변형 혹은 제거한 후 퇴실하여야 합니다.

27. 작업에 필요한 각종 도구를 바닥에 떨어뜨리는 일이 없도록 하여야 하고, 네일 글루 등을 조심성 있게 다루어 안전사고가 발생되지 않도록 주의해야 합니다. 특히 큐티클 정리 시 사용 도구(큐티클 니퍼와 푸셔 등)를 적합한 자세와 안전한 방법으로 사용하여야 하며, 멸균거즈를 보조용구로 사용할 수 있십니다.

28. 다음 사항은 실격에 해당하여 채점 대상에서 제외됩니다.

① 시험의 전체 과정을 응시하지 않은 경우

② 시험 도중 시험장을 무단이탈하는 경우

③ 부정한 방법으로 타인의 도움을 받거나 타인의 시험을 방해하는 경우

④ 무단으로 모델을 수험자간에 교환하는 경우

⑤ 국가기술자격법상 국가기술자격 검정에서의 부정행위 등을 하는 경우

⑥ 수험자가 위생복을 착용하지 않은 경우

⑦ 수험자 유의사항 내의 모델 조건에 부적합한 경우

29. 시험응시 제외 사항

① 모델을 데려오지 않은 경우

30. 득점 외 별도 감점 사항

① 수험자 및 모델의 복장상태 및 마스크 착용, 모델의 손톱·발톱 사전 준비상태 등 어느 하나라도 미준비하거나 사전준비 작업이 미흡한 경우

② 작업 시 출혈이 있는 경우

③ 필요한 기구 및 재료 등을 시험 도중에 꺼내는 경우

31. 오작 사항

① 요구된 과제가 아닌 다른 과제를 작업하는 경우(예 : 풀코트 패디큐어 과제를 프렌치로 작업하는 경우)

② 과제에서 요구된 색상이 아닌 다른 색상으로 작업하는 경우(예 : 흰색을 빨강색으로 작업하는 경우 등)

③ 작업 부위를 바꿔서 작업하는 경우(예 : 각 과제의 작업 대상 손 및 손가락을 바꿔서 작업한 경우 등)

국가기술자격 실기시험문제

자격종목	미용사(네일)	과제명	풀코트 매니큐어

※ 문제지는 시험종료 후 반드시 반납하시기 바랍니다.

※ 시험시간 : 30분

1. 요구사항(제1과제)

※ 지참 재료 및 도구를 사용하여 아래의 요구사항대로 풀코트 매니큐어를 완성하시오.

1) 과제를 수행하기 위해 수험자의 손 및 모델의 손과 손톱을 소독하시오.

2) 모델의 오른손에 도포되어 있는 네일 폴리시를 깨끗하게 제거하시오.

3) 오른손 5개의 손톱(1지~5지)에 습식 매니큐어를 실시하시오.

4) 손톱 프리에지의 형태는 라운드로 조형하시오.

※ 라운드 : 도면과 같이 스트레스 포인트에서부터 프리에지까지 직선이 존재하고, 끝 부분은 라운드 형태를 이루어야 하며, 프리에지의 어느 곳에서도 각이 없는 상태

5) 손톱 주변 큐티클을 오렌지 우드스틱 또는 큐티클 퓨셔를 사용하여 안전하게 밀어주시오.

6) 큐티클 니퍼를 사용하여 손톱 주변의 불필요한 손 거스러미 등을 정리하시오.

7) 펄이 첨가되지 않은 순수 빨강색 네일 폴리시를 사용하여 오른손 1지~5지의 손톱 모두를 풀코트로 완성하시오.

8) 컬러 도포 시 프리에지 단면의 앞 선까지 모두 도포하시오.

9) 베이스 코트 1회 – 빨강색 폴리시 2회 – 탑 코트 1회의 도포 순서로 완성하시오.

2. 수험자 유의사항

1) 모델 손톱의 준비상태는 빨강색 폴리시가 풀컬러 도포된 스퀘어 형태를 유지하여야 합니다.

2) 자연 네일 파일링 시 문지르거나 비비지 말고 한 방향으로 파일링하시오.

3) 길이는 옐로우 라인의 중심에서 5mm 이내의 길이로 일정하게 작업하시오.

4) 큐티클 연화제(큐티클 오일·리무버·크림), 멸균거즈는 작업 상황에 맞도록 적절히 사용하시오.

5) 탑 코트 후 마무리 시, 오일을 사용하지 마시오.

6) 컬러 도포 시 네일 폴리시의 브러시를 사용하시오.

7) 큐티클 니퍼, 큐티클 푸셔, 클리퍼, 네일 더스트 브러시, 오렌지 우드스틱(푸셔용)은 알코올 소독 용기에 담가 두어야 합니다.

자격종목	미용사(네일)	과제명	풀코트 매니큐어	척도	NS

3. 도면

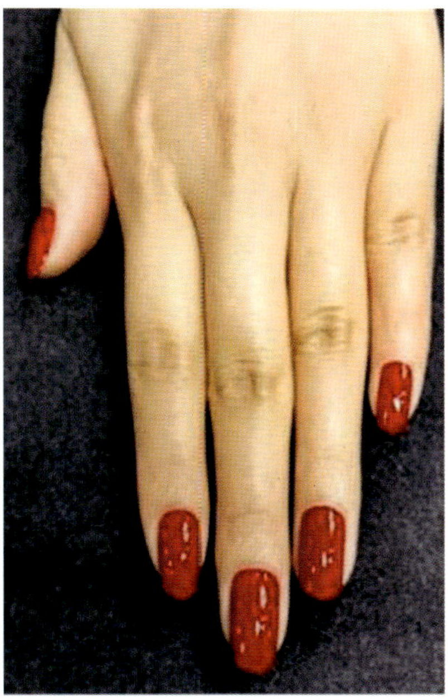	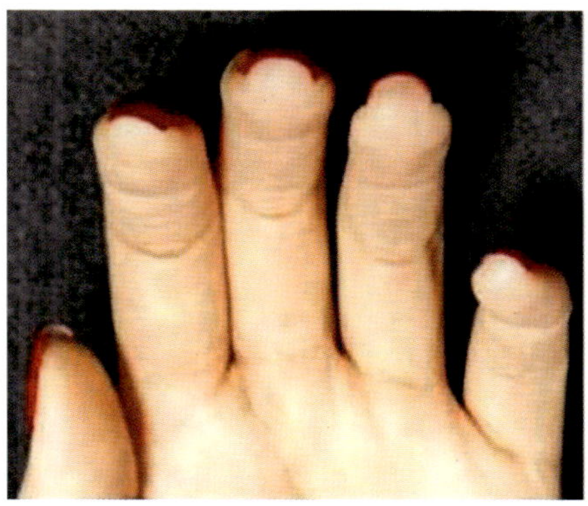
풀코트 매니큐어 정면	**풀코트 매니큐어 프리에지 단면**

국가기술자격 실기시험문제

자격종목	미용사(네일)	과제명	프렌치 매니큐어

※ 문제지는 시험종료 후 반드시 반납하시기 바랍니다.

※ 시험시간 : 30분

1. 요구사항(제1과제)

※ 지참 재료 및 도구를 사용하여 아래의 요구사항대로 프렌치 매니큐어를 완성하시오.

1) 과제를 수행하기 위해 수험자의 손 및 모델의 손과 손톱을 소독하시오.
2) 모델의 오른손에 도포되어 있는 네일 폴리시를 깨끗하게 제거하시오.
3) 오른손 5개의 손톱(1지~5지)에 습식 매니큐어를 실시하시오.
4) 손톱 프리에지의 형태는 라운드로 조형하시오.

   ※ 라운드 : 도면과 같이 스트레스 포인트에서부터 프리에지까지 직선이 존재하고, 끝 부분은 라운드 형태를 이루어야 하며, 프리에지의 어느 곳에서도 각이 없는 상태

5) 손톱 주변 큐티클을 오렌지 우드스틱 또는 큐티클 퓨셔를 사용하여 안전하게 밀어주시오.
6) 큐티클 니퍼를 사용하여 손톱 주변의 불필요한 손 거스러미 등을 정리하시오.
7) 펄이 첨가되지 않은 순수 흰색 네일 폴리시를 사용하여 오른손 1지~5지의 손톱 모두를 프렌치로 완성하시오. 단, 프렌치 라인의 상하 너비는 3~5mm이어야 하며 완만한 스마일 라인으로 완성하여야 합니다.
8) 컬러 도포 시 프리에지 단면의 앞 선까지 모두 도포하시오.
9) 베이스 코트 1회 - 흰색 폴리시 2회 - 탑 코트 1회의 도포 순서로 완성하시오.

2. 수험자 유의사항

1) 모델 손톱의 준비상태는 빨강색 폴리시가 풀컬러 도포된 스퀘어 형태를 유지하여야 합니다.
2) 자연 네일 파일링 시 문지르거나 비비지 말고 한 방향으로 파일링하시오.
3) 길이는 옐로우 라인의 중심에서 5mm 이내의 길이로 일정하게 작업하시오.

4) 큐티클 연화제(큐티클 오일·리무버·크림), 멸균거즈는 작업 상황에 맞도록 적절히 사용하시오.

5) 탑 코트 후 마무리 시, 오일을 사용하지 마시오.

6) 컬러 도포 시 네일 폴리시의 브러시를 사용하시오.

7) 큐티클 니퍼, 큐티클 푸셔, 클리퍼, 네일 더스트 브러시, 오렌지 우드스틱(푸셔용)은 알코올 소독 용기에 담가 두어야 합니다.

자격종목	미용사(네일)	과제명	프렌치 매니큐어	척도	NS

3. 도면

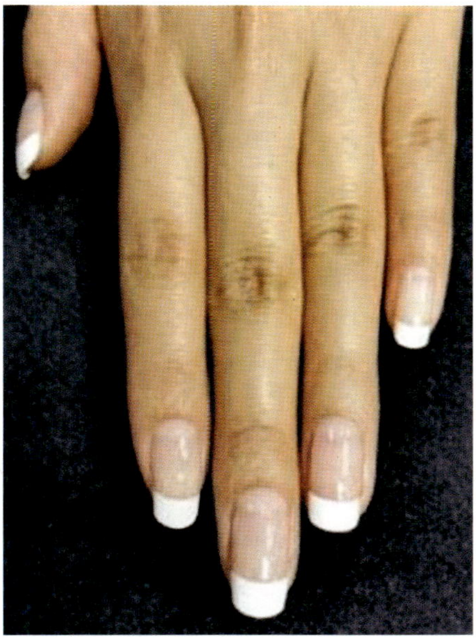	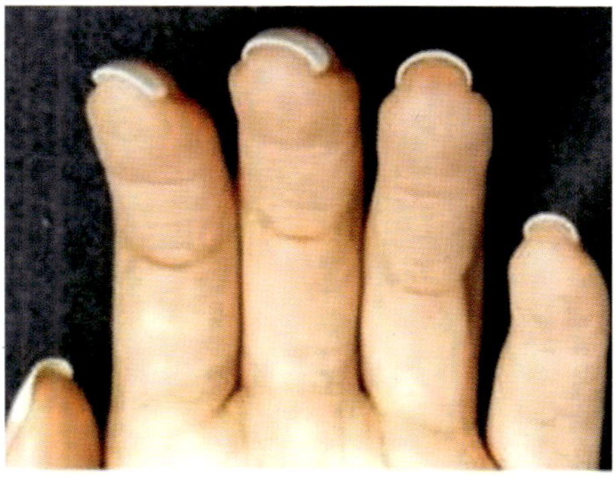
프렌치 매니큐어 정면	프렌치 매니큐어 프리에지 단면

국가기술자격 실기시험문제

자격종목	미용사(네일)	과제명	딥 프렌치 매니큐어

※ 문제지는 시험종료 후 반드시 반납하시기 바랍니다.

※ 시험시간 : 30분

1. 요구사항(제1과제)

※ 지참 재료 및 도구를 사용하여 아래의 요구사항대로 딥 프렌치 매니큐어를 완성하시오.

1) 과제를 수행하기 위해 수험자의 손 및 모델의 손과 손톱을 소독하시오.

2) 모델의 오른손에 도포되어 있는 네일 폴리시를 깨끗하게 제거하시오.

3) 오른손 5개의 손톱(1지~5지)에 습식 매니큐어를 실시하시오.

4) 손톱 프리에지의 형태는 라운드로 조형하시오.

※ 라운드 : 도면과 같이 스트레스 포인트에서부터 프리에지까지 직선이 존재하고, 끝 부분은 라운드 형태를 이루어야 하며, 프리에지의 어느 곳에서도 각이 없는 상태

5) 손톱 주변 큐티클을 오렌지 우드스틱 또는 큐티클 퓨셔를 사용하여 안전하게 밀어주시오.

6) 큐티클 니퍼를 사용하여 손톱 주변의 불필요한 손 거스러미 등을 정리하시오.

7) 펄이 첨가되지 않은 순수 흰색 네일 폴리시를 사용하여 오른손 1지~5지의 손톱 모두를 딥 프렌치로 완성하시오. 단, 딥 프렌치 라인은 발톱 전체 길이의 1/2 이상의 부분이어야 하며, 반월 부분은 침범하지 않도록 하시오.

8) 컬러 도포 시 프리에지 단면의 앞 선까지 모두 도포하시오.

9) 베이스 코트 1회 - 흰색 폴리시 2회 - 탑 코트 1회의 도포 순서로 완성하시오.

2. 수험자 유의사항

1) 모델 손톱의 준비상태는 빨강색 폴리시가 풀 컬러 도포된 스퀘어 형태를 유지하여야 합니다.

2) 자연 네일 파일링 시 문지르거나 비비지 말고 한 방향으로 파일링하시오.

3) 길이는 옐로우 라인의 중심에서 5mm 이내의 길이로 일정하게 작업하시오.

4) 큐티클 연화제(큐티클 오일·리무버·크림), 멸균거즈는 작업 상황에 맞도록 적절히 사용하시오.

5) 탑 코트 후 마무리 시, 오일을 사용하지 마시오.

6) 컬러 도포 시 네일 폴리시의 브러시를 사용하시오.

7) 큐티클 니퍼, 큐티클 푸셔, 클리퍼, 네일 더스트 브러시, 오렌지 우드스틱(푸셔용)은 알코올 소독 용기에 담가 두어야 합니다.

자격종목	미용사(네일)	**과제명**	딥 프렌치 매니큐어	**척도**	NS

3. 도면

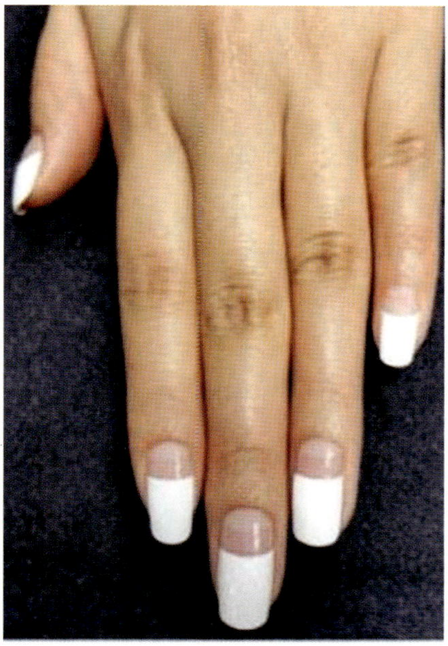	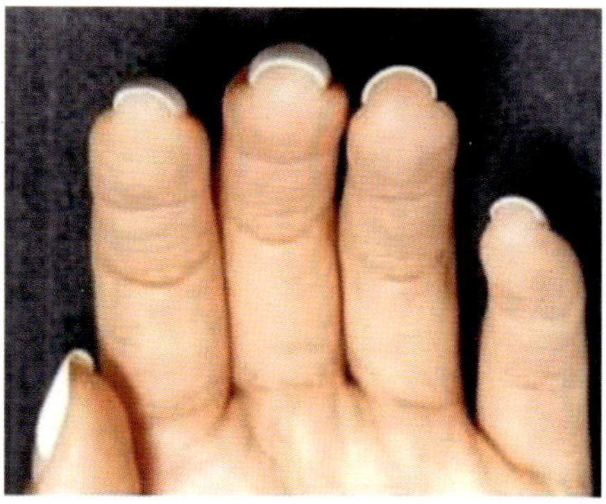
딥 프렌치 매니큐어 정면	**딥 프렌치 매니큐어 프리에지 단면**

국가기술자격 실기시험문제

자격종목	미용사(네일)	과제명	그라데이션 매니큐어

※ 문제지는 시험종료 후 반드시 반납하시기 바랍니다.

※ 시험시간 : 30분

1. 요구사항(제1과제)

※ 지참 재료 및 도구를 사용하여 아래의 요구사항대로 그라데이션 매니큐어를 완성하시오.

1) 과제를 수행하기 위해 수험자의 손 및 모델의 손과 손톱을 소독하시오.

2) 모델의 오른손에 도포되어 있는 네일 폴리시를 깨끗하게 제거하시오.

3) 오른손 5개의 손톱(1지~5지)에 습식 매니큐어를 실시하시오.

4) 손톱 프리에지의 형태는 라운드로 조형하시오.

※ 라운드 : 도면과 같이 스트레스 포인트에서부터 프리에지까지 직선이 존재하고, 끝 부분은 라운드 형태를 이루어야 하며, 프리에지의 어느 곳에서도 각이 없는 상태

5) 손톱 주변 큐티클을 오렌지 우드스틱 또는 큐티클 퓨셔를 사용하여 안전하게 밀어주시오.

6) 큐티클 니퍼를 사용하여 손톱 주변의 불필요한 손 거스러미 등을 정리하시오.

7) 펄이 첨가되지 않은 순수 흰색 네일 폴리시를 사용하여 오른손 1지~5지의 손톱 모두를 그라데이션으로 완성하시오. 단, 그라데이션 범위는 손톱 전체 길이의 1/2 이상 부분이어야 하며, 그라데이션은 스펀지를 이용하여 표현하되, 반월 부분은 침범하지 않도록 하시오.

8) 컬러 도포 시 프리에지 단면의 앞 선까지 모두 도포하시오.

9) 베이스 코트 1회 – 그라데이션 도포 – 탑 코트 1회의 도포 순서로 완성하시오.

2. 수험자 유의사항

1) 모델 손톱의 준비상태는 빨강색 폴리시가 풀 컬러 도포된 스퀘어 형태를 유지하여야 합니다.

2) 자연 네일 파일링 시 문지르거나 비비지 말고 한 방향으로 파일링하시오.

3) 길이는 옐로우 라인의 중심에서 5mm 이내의 길이로 일정하게 작업하시오.

4) 큐티클 연화제(큐티클 오일·리무버·크림), 멸균거즈는 작업 상황에 맞도록 적절히 사용하시오.

5) 탑 코트 후 마무리 시, 오일을 사용하지 마시오.

6) 컬러 도포 시 네일 폴리시의 브러시를 사용하시오.

7) 큐티클 니퍼, 큐티클 푸셔, 클리퍼, 네일 더스트 브러시, 오렌지 우드스틱(푸셔용)은 알코올 소독 용기에 담가 두어야 합니다.

자격종목	ㅁ 용사(네일)	과제명	그라데이션 매니큐어	척도	NS

3. 도면

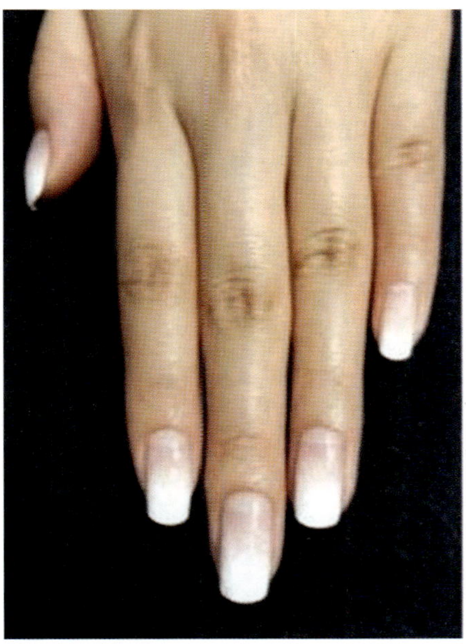	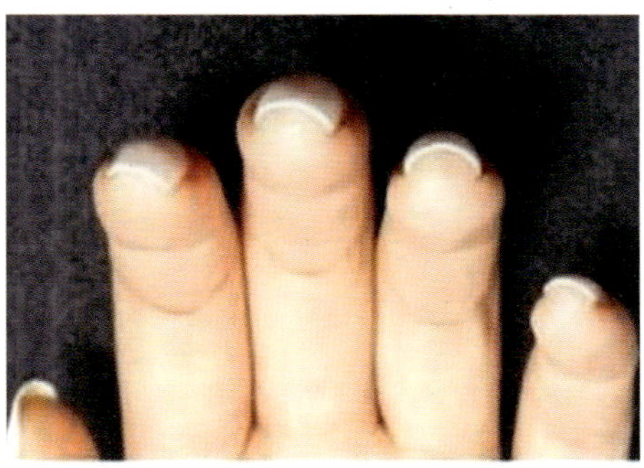
그라데이션 매니큐어 정면	**그라데이션 매니큐어 프리에지 단면**

국가기술자격 실기시험문제

자격종목	미용사(네일)	과제명	풀코트 패디큐어

※ 문제지는 시험종료 후 반드시 반납하시기 바랍니다.

※ 시험시간 : 30분

1. 요구사항(제1과제)

※ 지참 재료 및 도구를 사용하여 아래의 요구사항대로 풀코트 패디큐어를 완성하시오.

1) 과제를 수행하기 위해 수험자의 손 및 모델의 발과 발톱을 소독하시오.

2) 모델의 오른발에 도포되어 있는 네일 폴리시를 깨끗하게 제거하시오.

3) 오른발 5개의 발톱(1지~5지)에 물 스프레이를 이용한 습식 패디큐어를 실시하시오.

4) 발톱 프리에지의 형태는 스퀘어형으로 조형하시오.

※ 스퀘어 : 도면과 같이 스트레스 포인트에서부터 프리에지까지 직선이 존재하고, 끝 부분은 직선의 형태(스퀘어)를 이루어야 하며, 각이 있는 모서리가 존재하는 상태

5) 발톱 주변 큐티클을 오렌지 우드스틱 또는 큐티클 퓨셔를 사용하여 안전하게 밀어주시오.

6) 큐티클 니퍼를 사용하여 발톱 주변의 불필요한 거스러미 등을 정리하시오.

7) 펄이 첨가되지 않은 순수 빨강색 네일 폴리시를 사용하여 오른발 1지~5지의 발톱 모두를 풀코트로 완성하시오.

8) 컬러 도포 시 프리에지 단면의 앞 선까지 모두 도포하시오.

9) 베이스 코트 1회 – 빨강색 폴리시 2회 – 탑 코트 1회의 도포 순서로 완성하시오.

2. 수험자 유의사항

1) 모델 발톱의 준비상태는 빨강색 폴리시가 풀 컬러 도포되어야 하며, 스퀘어 형태로 사전 작업되지 않은 자연형태를 유지하여야 합니다.

2) 자연 네일 파일링 시 문지르거나 비비지 말고 한 방향으로 파일링하시오.

3) 발톱의 길이는 피부의 선단을 넘지 않도록 하시오.

4) 큐티클 연화제(큐티클 오일·리무버·크림), 멸균거즈는 작업 상황에 맞도록 적절히 사용하시오.

5) 탑 코트 후 마무리 시, 오일을 사용하지 마시오.

6) 컬러 도포 시 네일 폴리시의 브러시를 사용하시오.

7) 큐티클 니퍼, 큐트클 푸셔, 클리퍼, 네일 더스트 브러시, 오렌지 우드스틱(푸셔용)은 알코올 소독 용기에 담가 두어야 합니다.

자격종목	미용사(네일)	과제명	풀코트 패디큐어	척도	NS

3. 도면

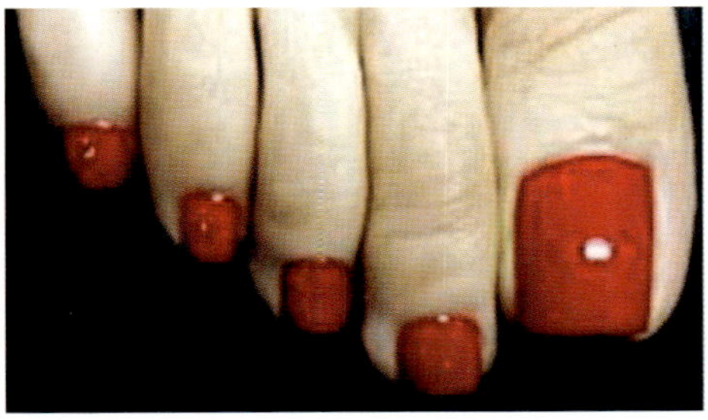	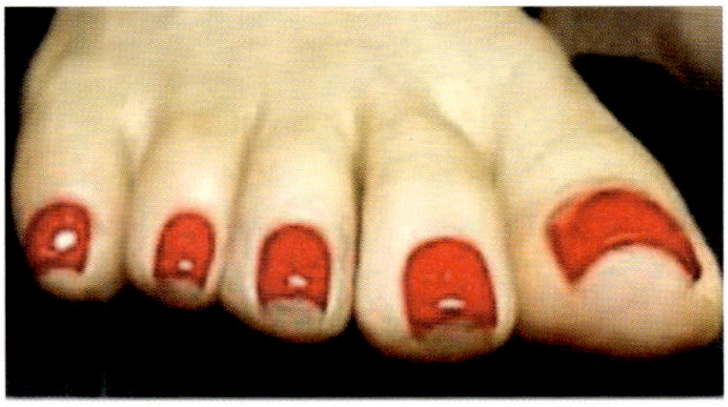
풀코트 패디큐어 정면	**풀코트 패디큐어 프리에지 단면**

국가기술자격 실기시험문제

자격종목	미용사(네일)	과제명	딥 프렌치 패디큐어

※ 문제지는 시험종료 후 반드시 반납하시기 바랍니다.

※ 시험시간 : 30분

1. 요구사항(제1과제)

※ 지참 재료 및 도구를 사용하여 아래의 요구사항대로 딥 프렌치 패디큐어를 완성하시오.

1) 과제를 수행하기 위해 수험자의 손 및 모델의 발과 발톱을 소독하시오.
2) 모델의 오른발에 도포되어 있는 네일 폴리시를 깨끗하게 제거하시오.
3) 오른발 5개의 발톱(1지~5지)에 물 스프레이를 이용한 습식 패디큐어를 실시하시오.
4) 발톱 프리에지의 형태는 스퀘어형으로 조형하시오.

   ※ 스퀘어 : 도면과 같이 스트레스 포인트에서부터 프리에지까지 직선이 존재하고, 끝 부분은 직선의 형태(스퀘어)를 이루어야 하며, 각이 있는 모서리가 존재하는 상태

5) 발톱 주변 큐티클을 오렌지 우드스틱 또는 큐티클 퓨셔를 사용하여 안전하게 밀어주시오.
6) 큐티클 니퍼를 사용하여 발톱 주변의 불필요한 거스러미 등을 정리하시오.
7) 펄이 첨가되지 않은 순수 흰색 네일 폴리시를 사용하여 오른발 1지~5지의 발톱 모두를 딥 프렌치로 완성하시오. 단, 딥 프렌치 라인은 발톱 전체 길이의 1/2 이상의 부분이어야 하며, 반월 부분은 침범하지 않도록 하시오.
8) 컬러 도포 시 프리에지 단면의 앞 선까지 모두 도포하시오.
9) 베이스 코트 1회 – 흰색 폴리시 2회 – 탑 코트 1회의 도포 순서로 완성하시오.

2. 수험자 유의사항

1) 모델 발톱의 준비상태는 빨강색 폴리시가 풀 컬러 도포되어야 하며, 스퀘어 형태로 사전 작업되지 않은 자연형태를 유지하여야 합니다.
2) 자연 네일 파일링 시 문지르거나 비비지 말고 한 방향으로 파일링하시오.
3) 발톱의 길이는 피부의 선단을 넘지 않도록 하시오.

4) 큐티클 연화제(큐티클 오일·리무버·크림), 멸균거즈는 작업 상황에 맞도록 적절히 사용하시오.

5) 탑 코트 후 마무리 시, 오일을 사용하지 마시오.

6) 컬러 도포 시 네일 폴리시의 브러시를 사용하시오.

7) 큐티클 니퍼, 큐티클 푸셔, 클리퍼, 네일 더스트 브러시, 오렌지 우드스틱(푸셔용)은 알코올 소독 용기에 담가 두어야 합니다.

자격종목	미용사(네일)	과제명	딥 프렌치 패디큐어	척도	NS

3. 도면

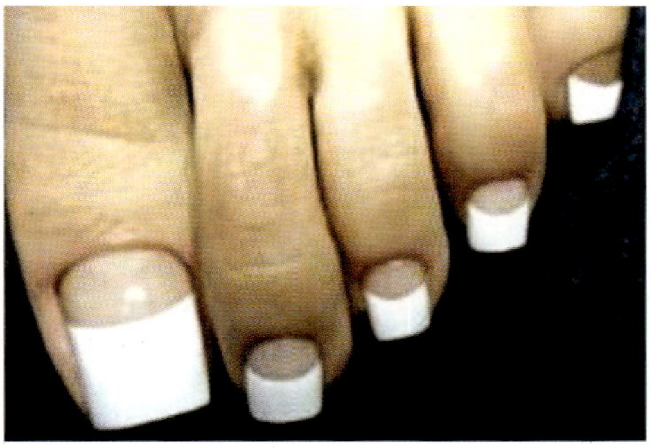	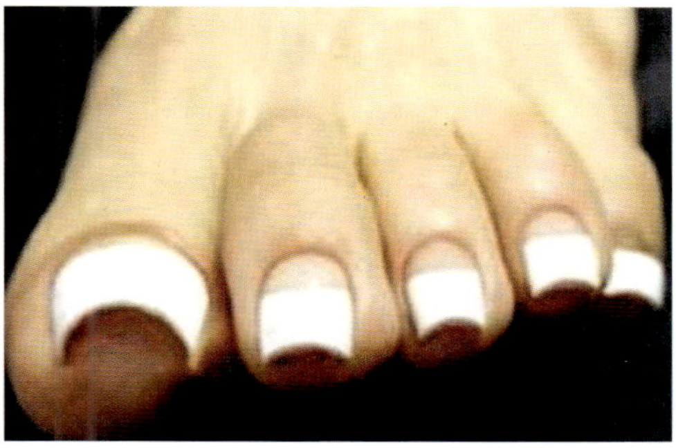
딥 프렌치 패디큐어 정면	**딥 프렌치 패디큐어 프리에지 단면**

국가기술자격 실기시험문제

자격종목	미용사(네일)	과제명	그라데이션 패디큐어

※ 문제지는 시험종료 후 반드시 반납하시기 바랍니다.

※ 시험시간 : 30분

1. 요구사항(제1과제)

※ 지참 재료 및 도구를 사용하여 아래의 요구사항대로 그라데이션 패디큐어를 완성하시오.

1) 과제를 수행하기 위해 수험자의 손 및 모델의 발과 발톱을 소독하시오.

2) 모델의 오른발에 도포되어 있는 네일 폴리시를 깨끗하게 제거하시오.

3) 오른발 5개의 발톱(1지~5지)에 물 스프레이를 이용한 습식 패디큐어를 실시하시오.

4) 발톱 프리에지의 형태는 스퀘어형으로 조형하시오.

※ 스퀘어 : 도면과 같이 스트레스 포인트에서부터 프리에지까지 직선이 존재하고, 끝 부분은 직선의 형태(스퀘어)를 이루어야 하며, 각이 있는 모서리가 존재하는 상태

5) 발톱 주변 큐티클을 오렌지 우드스틱 또는 큐티클 퓨셔를 사용하여 안전하게 밀어주시오.

6) 큐티클 니퍼를 사용하여 발톱 주변의 불필요한 거스러미 등을 정리하시오.

7) 펄이 첨가되지 않은 순수 흰색 네일 폴리시를 사용하여 오른발 1지~5지의 발톱 모두를 그라데이션으로 완성하시오. 단, 그라데이션 범위는 발톱 프리에지에서 시작하여 전체 길이의 1/2 이상이며, 그라데이션은 스펀지를 이용하여 표현하되, 반월 부분은 침범하지 않도록 하시오.

8) 컬러 도포 시 프리에지 단면의 앞 선까지 모두 도포하시오.

9) 베이스 코트 1회 – 흰색 그라데이션 도포 – 탑 코트 1회의 도포 순서로 완성하시오.

2. 수험자 유의사항

1) 모델 발톱의 준비상태는 빨강색 폴리시가 풀 컬러 도포되어야 하며, 스퀘어 형태로 사전 작업되지 않은 자연형태를 유지하여야 합니다.

2) 자연 네일 파일링 시 문지르거나 비비지 말고 한 방향으로 파일링하시오.

3) 발톱의 길이는 피부의 선단을 넘지 않도록 하시오.

4) 큐티클 연화제(큐티클 오일·리무버·크림), 멸균거즈는 작업 상황에 맞도록 적절히 사용하시오.

5) 탑 코트 후 마무리 시, 오일을 사용하지 마시오.

6) 컬러 도포 시 네일 폴리시의 브러시를 사용하시오.

7) 큐티클 니퍼, 큐티클 푸셔, 클리퍼, 네일 더스트 브러시, 오렌지 우드스틱(푸셔용)은 알코올 소독 용기에 담가 두어야 합니다.

자격종목	미용사(네일)	과제명	그라데이션 패디큐어	척도	NS

3. 도면

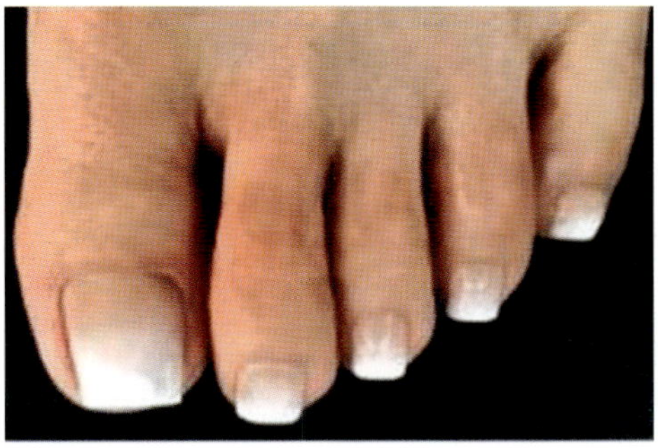	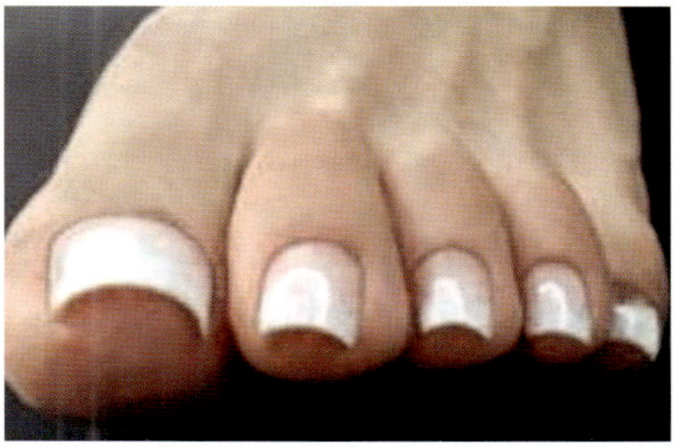
그라데이션 패디큐어 정면	**그라데이션 패디큐어 프리에지 단면**

국가기술자격 실기시험문제

자격종목	미용사(네일)	과제명	선 마블링 젤 매니큐어

※ 문제지는 시험종료 후 반드시 반납하시기 바랍니다.

※ 시험시간 : 35분

1. 요구사항(제2과제)

※ 지참 재료 및 도구를 사용하여 아래의 요구사항에 따라 젤 네일 폴리시 아트 선 마블링을 완성하시오.

1) 과제를 수행하기 위해 수험자의 손 및 모델의 손과 손톱을 소독하시오.

2) 필요한 경우 손톱 주변의 불필요한 각질이나 거스러미를 제거하기 위한 건식케어를 실시할 수 있으며, 순서는 무관합니다.

3) 손톱 프리에지의 형태는 라운드로 조형하시오.

※ 라운드 : 도면과 같이 스트레스 포인트에서부터 프리에지까지 직선이 존재하고, 끝 부분은 라운드 형태를 이루어야 하며, 프리에지의 어느 곳에서도 각이 없는 상태

4) 자연 손톱 표면을 버퍼로 정리한 후 주변의 잔여물 및 유·수분기를 제거하시오(표면에 네일 전처리제를 사용할 수 있음).

5) 펄이 첨가되지 않은 순수 흰색과 빨강색 젤 네일 폴리시를 사용하여 왼손 1지~5지의 손톱 모두를 선 마블링으로 완성하시오.

가) 흰색과 빨강색 교대 배열 세로선 8개(흰색, 빨강색 각 4개) : 흰색과 빨강색을 번갈아 가며 총 8개의 교차된 세로선을 일정한 간격으로 5개의 손톱 모두 균일하게 작업하시오.

나) 마블링 가로 교차선 5줄 : 마블링을 표현하는 가로선은 완만한 곡선을 이루며, 좌·우측 방향으로 번갈아가며 마블링이 되도록 명료하게 작업하시오.

다) 개별 손톱 내에서 각 선의 간격을 균일해야 합니다(단 5지(새끼 손가락)의 경우 세로선 총 6개(흰색, 빨강색 각 3개), 가로 교차선 3줄로 줄여서 작업할 수 있음).

6) 컬러 도포 시 프리에지 단면의 앞 선까지 모두 도포하시오.

7) 젤 베이스 코트 1회 - 흰색과 빨강색 젤 폴리시 선 마블링 - 젤 탑 코트 1회의 순서로 도포하시오.

8) 젤 램프 기기는 수험자의 상황에 맞도록 적절히 사용하시오.

2. 수험자 유의사항

1) 모델 손톱의 준비는 사전에 큐티클 정리가 되어 있는 상태를 유지하여야 합니다.
2) 자연 네일 파일링 시 문지르거나 비비지 말고 한 방향으로 파일링하시오.
3) 길이는 옐로우 라인의 중심에서 5mm 이내(네일 바디 전체의 1/2 정도)로 일정하게 작업하시오.
4) 큐티클 연화제(큐티클 오일·리무버·크림), 멸균거즈는 작업 상황에 맞도록 적절히 사용하시오.
5) 젤 폴리시 외 부적합한 제품(물감, 통젤, 빨강색을 벗어난 색 등)을 사용하지 마시오.
6) 컬러 도포 시 아트용 브러시를 사용하시오.
7) 젤 경화 시간을 준수하여 미경화된 부분이 남지 않도록 작업하시오.
8) 젤 탑 코트 후 마무리 시, 오일을 사용하지 마시오.
9) 큐티클 니퍼, 큐티클 푸셔, 클리퍼, 네일 더스트 브러시, 오렌지 우드스틱(푸셔용)은 알코올 소독 용기에 담가 두어야 합니다.

자격종목	미용사(네일)	과제명	선 마블링 젤 매니큐어	척도	NS

3. 도면

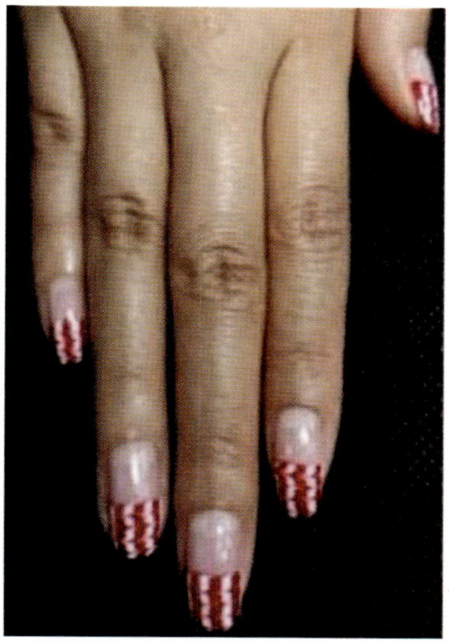	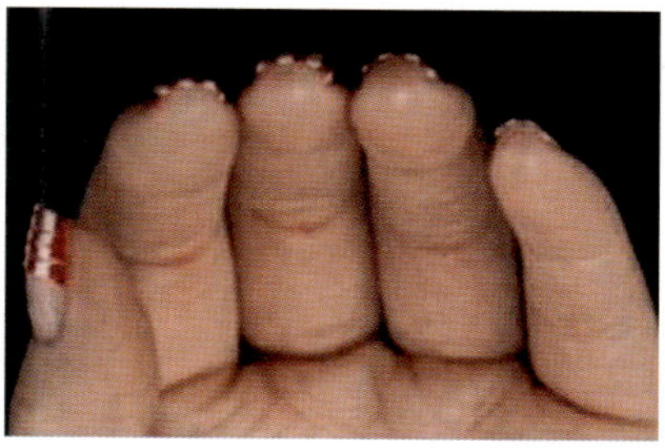
선 마블링 젤 매니큐어 정면 완성 사진 도면	선 마블링 젤 매니큐어 프리에지 단면 사진 도면

국가기술자격 실기시험문제

자격종목	미용사(네일)	과제명	부채꼴 마블링 젤 매니큐어

※ 문제지는 시험종료 후 반드시 반납하시기 바랍니다.

※ 시험시간 : 35분

1. 요구사항(제2과제)

※ 지참 재료 및 도구를 사용하여 아래의 요구사항대로 젤 네일 폴리시 부채꼴 마블링을 완성하시오.

1) 과제를 수행하기 위해 수험자의 손 및 모델의 손과 손톱을 소독하시오.

2) 필요한 경우 손톱 주변의 불필요한 각질이나 거스러미를 제거하기 위한 건식케어를 실시할 수 있으며, 순서는 무관합니다.

3) 손톱 프리에지의 형태는 라운드로 조형하시오.

※ 라운드 : 도면과 같이 스트레스 포인트에서부터 프리에지까지 직선이 존재하고, 끝 부분은 라운드 형태를 이루어야 하며, 프리에지의 어느 곳에서도 각이 없는 상태

4) 자연 손톱 표면을 버퍼로 정리한 후 주변의 잔여물 및 유·수분기를 제거하시오(표면에 네일 전처리제를 사용할 수 있음).

5) 펄이 첨가되지 않은 순수 흰색과 빨강색 젤 네일 폴리시를 사용하여 왼손 1지~5지의 손톱 모두를 도면과 같이 부채꼴 마블링으로 완성하시오.

가) 교대 배열 가로선 총 7개(흰색 4개, 빨강색 3개) : 흰색과 빨강색을 번갈아 가며 총 7개의 둥근 부채꼴 모양의 교차된 가로선을 일정한 간격으로 5개의 손톱 모두 균일하게 작업하시오.

나) 마블링 부채꼴 세로선 7줄 : 마블링을 표현하는 선은 구심점을 중심으로 7개의 세로선으로서 마블링이 되도록 명료하게 작업하시오.

다) 개별 손톱 내에서 가로선의 폭은 동일해야 합니다(단 5지(새끼 손가락)의 경우 가로선 총 5개(흰색 3개, 빨강색 2개), 세로선 5줄로 줄여서 작업할 수 있음).

6) 컬러 도포 시 프리에지 단면의 앞 선까지 모두 도포하시오.

7) 젤 베이스 코트 1회 – 빨강색 젤 폴리시 1회 이상 – 흰색과 빨강색 젤 폴리시 선 마블링 – 젤 탑 코트 1회의 순서로 도포하시오.

8) 젤 램프 기기는 수험자의 상황에 맞도록 적절히 사용하시오.

2. 수험자 유의사항

1) 모델 손톱의 준비는 사전에 큐티클 정리가 되어 있는 상태를 유지하여야 합니다.

2) 자연 네일 파일링 시 문지르거나 비비지 말고 한 방향으로 파일링하시오.

3) 길이는 옐로우 라인의 중심에서 5mm 이내(네일 바디 전체의 1/2 정도)로 일정하게 작업하시오.

4) 큐티클 연화제(큐티클 오일·리무버·크림), 멸균거즈는 작업 상황에 맞도록 적절히 사용하시오.

5) 젤 폴리시 외 부적합한 제품(물감, 통젤, 빨강색을 벗어난 색 등)을 사용하지 마시오.

6) 컬러 도포 시 아트용 브러시를 사용하시오.

7) 젤 경화 시간을 준수하여 미경화된 부분이 남지 않도록 작업하시오.

8) 젤 탑 코트 후 마무리 시, 오일을 사용하지 마시오.

9) 큐티클 니퍼, 큐티클 푸셔, 클리퍼, 네일 더스트 브러시, 오렌지 우드스틱(푸셔용)은 알코올 소독 용기에 담가 두어야 합니다.

자격종목	미용사(네일)	과제명	부채꼴 마블링 젤 매니큐어	척도	NS

3. 도면

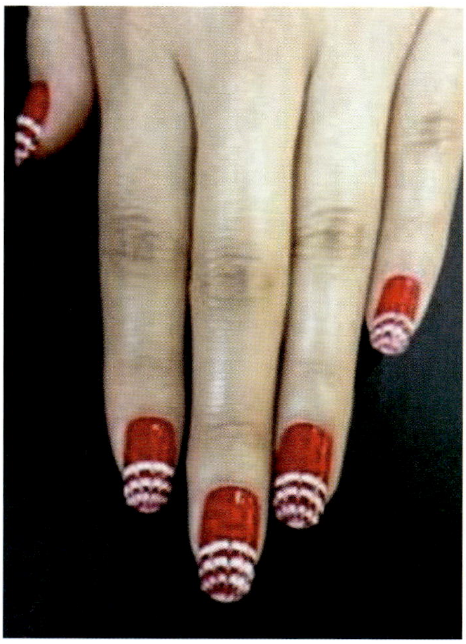	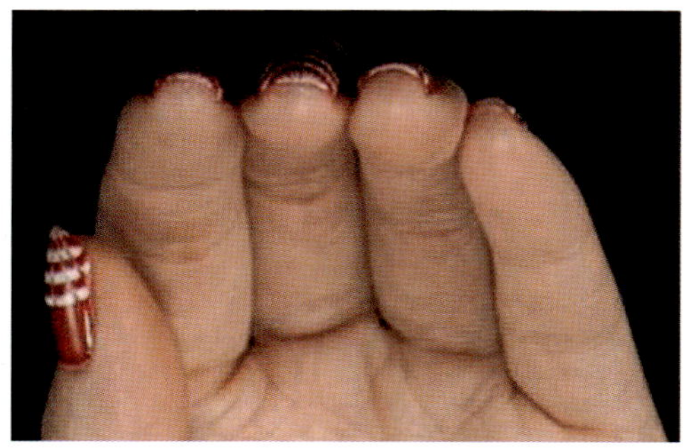
부채꼴 마블링 젤 매니큐어 프리에지 정면 완성 사진 도면	**부채꼴 마블링 젤 매니큐어 프리에지 단면 완성 사진 도면**

국가기술자격 실기시험문제

자격종목	미용사(네일)	과제명	내추럴 팁 위드 랩

※ 문제지는 시험종료 후 반드시 반납하시기 바랍니다.

※ 시험시간 : 40분

1. 요구사항(제3과제)

※ 지참 재료 및 도구를 사용하여 아래의 요구사항에 따라 내추럴 팁 위드 랩을 완성하시오.

1) 과제를 수행하기 위해 수험자의 손 및 모델의 손과 손톱을 소독하시오.

2) 제1과제 작업 상태의 모델 손톱을 3과제 작업에 적합하도록 전처리하시오.

   가) 사전 작업된 오른손 1~5지 손톱의 네일 폴리시를 모두 제거하시오.

   나) 모델의 자연 손톱은 1mm 이하의 라운드 또는 오벌(oval) 형태로 준비하시오.

3) 자연 손톱 색을 띤 내추럴 색의 하프 웰 팁을 사용하여 오른손 중지, 약지 2개의 손톱에 도면과 같은 내추럴 팁 위드 랩을 완성하시오.

4) 부착된 팁은 길이 0.5~1cm 미만으로 모두 일정하게 맞추어 잘라내고, 가로 세로 모두 직선의 스퀘어 모양으로 조형하시오.

5) 팁의 경계선이 자연 손톱과 매끄럽게 연결되도록 안전하고 자연스럽게 파일링하시오.

6) 글루(네일 글루, 젤 글루 등)는 수험자가 작업 상황에 맞도록 적절히 사용하되, 피부에 닿거나 흐르지 않도록 유의하시오.

7) 실크는 손톱 범위에 따라 알맞게 큐티클 부분을 1mm 정도 남기고 재단 및 부착하여 사용하시오.

8) 필러 파우더는 수험자가 작업 상황에 맞도록 적절히 사용하시오.

9) 손톱 표면은 중심(하이포인트)에서 좌우, 상하 사방의 굴곡이 자연스럽게 연결되고, 기포 없이 맑고 쿠명하게 완성하시오.

10) 인조 손톱은 자연 손톱 전체에 조형되어야 하며, 그 경계선을 매끄럽게 연결하되, 주변의 피부가 손상되거나 출혈되지 않도록 유의하시오.

11) 프리에지 씨-커브는 원형의 20~40% 비율로, 두께는 0.5~1mm 이하로 일정하게 조형하시오.

12) 측면 사이드 스트레이트 선은 자연 손톱에서부터 프리에지까지 연결선이 너무 올라가거나 쳐지지 않도록 하며 직선을 유지하여 만드시오.

13) 스퀘어 모양을 유지하여 2개 손톱 모두 일정하게 완성하시오.

14) 파일로 인한 거친 표면을 샌딩 버퍼로 매끄럽게 정리하시오.

15) 광택용 파일을 사용하여 광택 마무리하시오.

16) 손과 손톱 주변의 먼지 혹은 사용된 오일을 깨끗이 제거하시오.

가) 핑거볼, 네일 더스트 브러시, 멸균거즈, 큐티클 오일을 사용할 수 있습니다.

나) 네일 더스트 브러시는 멸균거즈 등으로 물기를 완전히 제거한 후 사용하시오.

2. 수험자 유의사항

1) 시작 전 팁 크기를 선택해 놓거나, 재단을 하거나 미리 붙이지 않아야 합니다.

2) 자연 네일 파일링 시 문지르거나 비비지 말고 한 방향으로 파일링하시오.

3) 모델의 손과 손톱에 지저분한 큐티클 및 거스러미, 먼지나 분진이 없도록 항상 깨끗이 정리하시오.

4) 작업시작부터 끝까지 눈을 보호할 수 있도록 하시오.

5) 구조를 위한 네일 도구(핀칭 봉, 핀칭 텅, 핀셋)는 작업내용에 맞게 적절히 사용할 수 있습니다.

6) 마무리 작업의 먼지 및 오일 제거 시 핑거볼, 네일 더스트 브러시, 멸균거즈, 큐티클 오일을 사용할 수 있습니다.

7) 큐티클 니퍼, 큐티클 푸셔, 클리퍼, 네일 더스트 브러시, 오렌지 우드스틱(푸셔용)은 알코올 소독 용기에 담가 두어야 합니다.

자격종목	미용사(네일)	과제명	내추럴 팁 위드 랩	척도	NS

3. 도면

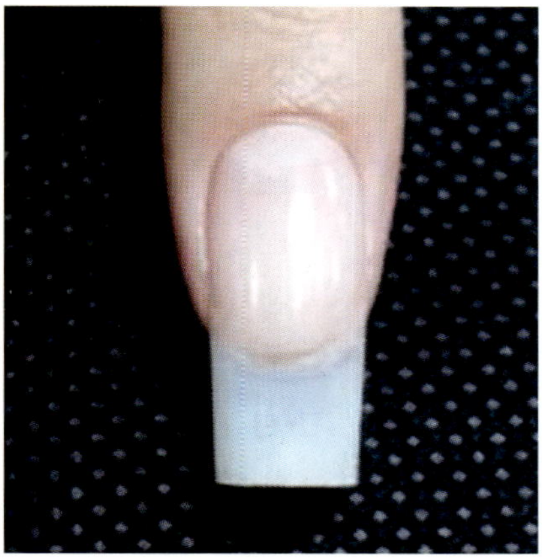	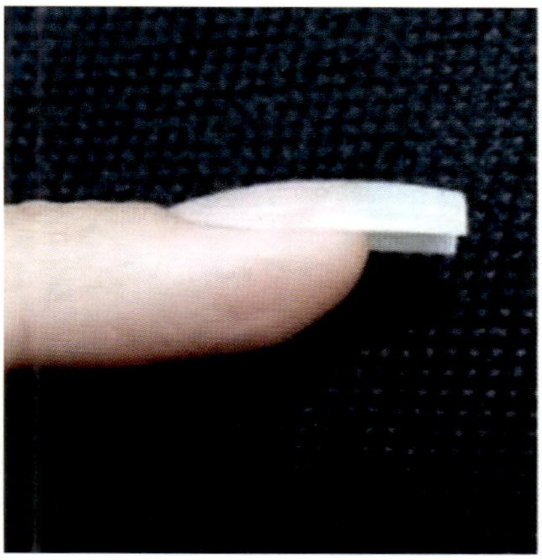
내추럴 팁 위드 랩 정면 예시 사진	**내추럴 팁 위드 랩 측면 예시 사진**
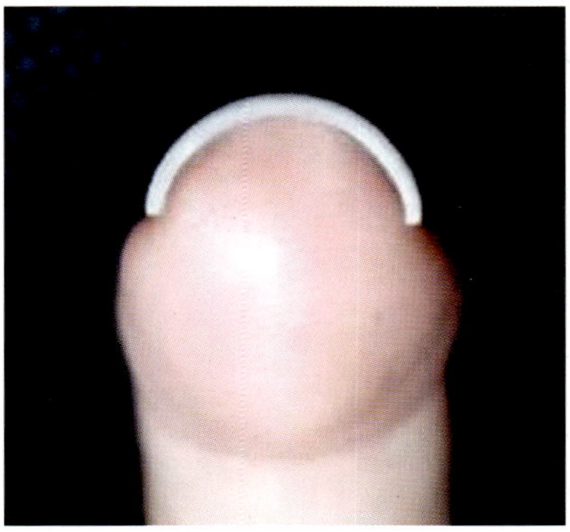	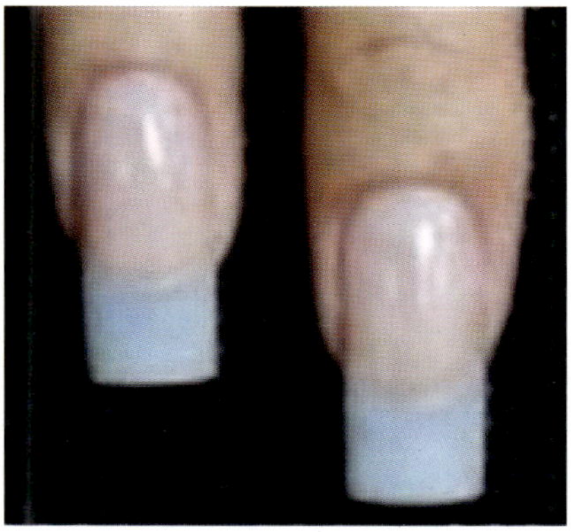
내추럴 팁 위드 랩 앞면 예시 사진	**내추럴 팁 위드 랩 전체 완성 사진**

국가기술자격 실기시험문제

자격종목	미용사(네일)	과제명	젤 원톤 스컬프쳐

※ 문제지는 시험종료 후 반드시 반납하시기 바랍니다.

※ 시험시간 : 40분

1. 요구사항(제3과제)

※ 지참 재료 및 도구를 사용하여 아래의 요구사항에 따라 젤 원톤 스컬프쳐를 완성하시오.

1) 과제를 수행하기 위해 수험자의 손 및 모델의 손과 손톱을 소독하시오.

2) 제1과제 작업 상태의 모델 손톱을 3과제 작업에 적합하도록 전처리하시오.

 가) 사전 작업된 오른손 1~5지 손톱의 네일 폴리시를 모두 제거하시오.

 나) 모델의 자연 손톱은 1mm 이하의 라운드 또는 오벌(oval) 형태로 준비하시오.

3) 폼과 투명젤을 사용하여 오른손 중지, 약지 2개의 손톱에 도면과 같은 젤 원톤 스컬프쳐를 완성하시오.

4) 연장된 프리에지 길이는 중심 기준으로 0.5~1cm 미만이며, 가로 세로 직선의 스퀘어 모양으로 조형하시오.

5) 손톱 표면은 중심(하이포인트)에서 좌우, 상하 사방의 굴곡이 자연스럽게 연결되고, 기포 없이 맑고 투명하게 완성하시오.

6) 인조 손톱은 자연 손톱 전체에 조형되어야 하며, 그 경계선을 매끄럽게 연결하되, 주변의 피부가 손상되거나 출혈되지 않도록 유의하시오.

7) 프리에지 씨-커브는 원형의 20~40% 비율로, 두께는 0.5~1mm 이하로 일정하게 조형하시오.

8) 측면 사이드 스트레이트 선은 자연 손톱에서부터 프리에지까지 연결선이 너무 올라가거나 쳐지지 않도록 하며 직선을 유지하며 만드시오.

9) 스퀘어 모양을 유지하여 2개 손톱 모두 일정하게 완성하시오.

10) 파일로 인한 거친 표면을 샌딩 버퍼로 매끄럽게 정리하시오.

11) 탑코트 젤로 도포하여 광택을 완성하시오.

12) 손과 손톱 주변의 먼지 혹은 사용된 오일을 깨끗이 제거하시오.

가) 핑거볼, 네일 더스트 브러시, 멸균거즈, 큐티클 오일을 사용할 수 있습니다.

나) 네일 더스트 브러시는 멸균거즈 등으로 물기를 완전히 제거한 후 사용하시오.

2. 수험자 유의사항

1) 시작 전 폼을 재단하거나 미리 붙이지 않아야 합니다.

2) 자연 네일 파일링 시 문지르거나 비비지 말고 한 방향으로 파일링하시오.

3) 모델의 손과 손톱에 지저분한 큐티클 및 거스러미, 먼지나 분진이 없도록 항상 깨끗이 정리하시오.

4) 작업시작부터 끝까지 눈을 보호할 수 있도록 하시오.

5) 젤 경화 시간을 준수하여 필요시, 미경화된 부분이 남지 않도록 작업하시오.

6) 젤클렌저와 젤 럼프 기기 및 구조를 위한 네일 도구(핀칭 봉, 핀칭 텅, 핀셋)는 작업내용에 맞게 적절히 사용할 수 있습니다.

7) 마무리 작업의 먼지 및 오일 제거 시 핑거볼, 네일 더스트 브러시, 멸균거즈, 큐티클 오일을 사용할 수 있습니다.

8) 큐티클 니퍼, 큐티클 푸셔, 클리퍼, 네일 더스트 브러시, 오렌지 우드스틱(푸셔용)은 알코올 소독 용기에 담가 두어야 합니다.

자격종목	미용사(네일)	과제명	젤 원톤 스컬프처	척도	NS

3. 도면

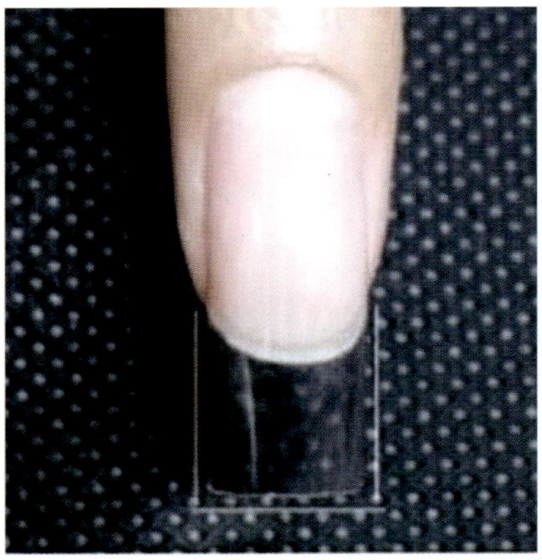	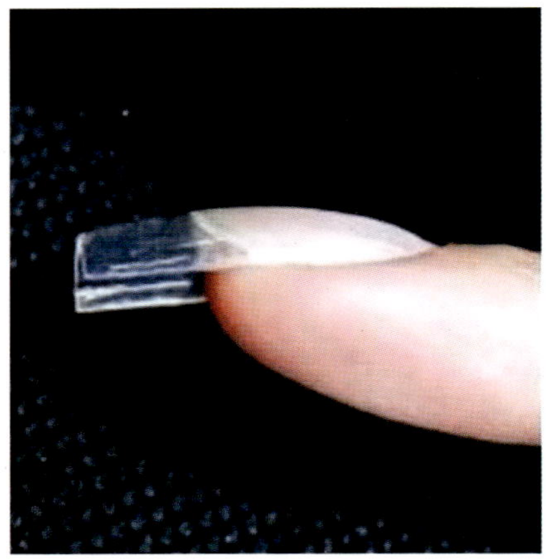
젤 원톤 스컬프쳐 위에서 본 정면 예시 사진	**젤 원톤 스컬프쳐 측면 예시 사진**
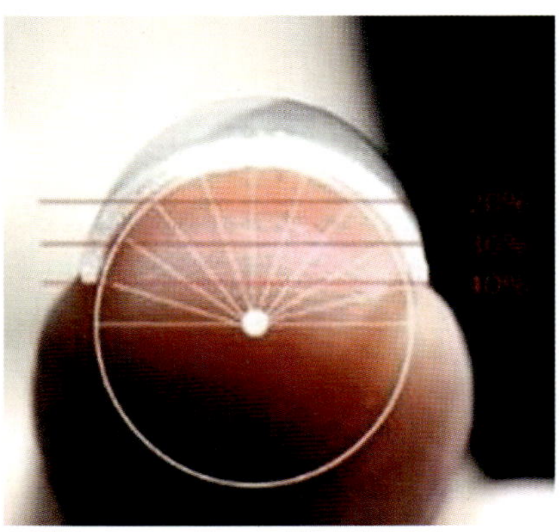	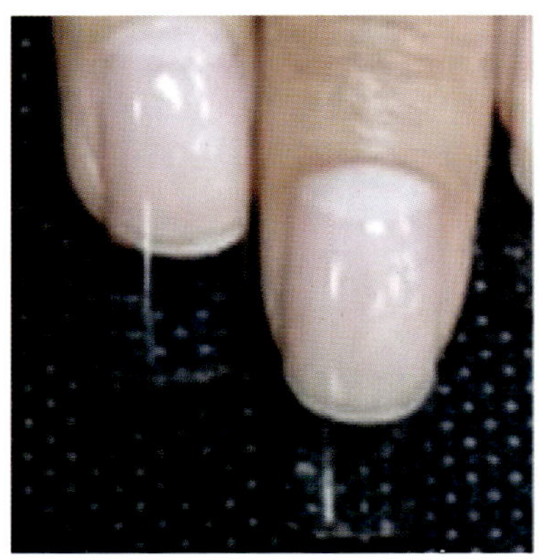
젤 원톤 스컬프쳐 앞면 예시 사진	**젤 원톤 스컬프쳐 전체 예시 사진**

국가기술자격 실기시험문제

자격종목	미용사(네일)	과제명	아크릴 프렌치 스컬프쳐

※ 문제지는 시험종료 후 반드시 반납하시기 바랍니다.

※ 시험시간 : 40분

1. 요구사항(제3과제)

※ 지참 재료 및 도구를 사용하여 아래의 요구사항에 따라 아크릴 프렌치 스컬프쳐를 완성하시오.

1) 과제를 수행하기 위해 수험자의 손 및 모델의 손과 손톱을 소독하시오.

2) 제1과제 작업 상태의 모델 손톱을 3과제 작업에 적합하도록 전처리하시오.

   가) 사전 작업된 오른손 1~5지 손톱의 네일 폴리시를 모두 제거하시오.

   나) 모델의 자연 손톱은 1mm 이하의 라운드 또는 오벌(oval) 형태로 준비하시오.

3) 화이트 폴리머, 핑크 또는 클리어 폴리머, 모노머와 폼을 사용하여 오른손 중지, 약지 2개의 손톱에 도면과 같은 프렌치 스컬프쳐를 완성하시오..

4) 스마일 라인은 선경하게 표현되어야 하고, 모양은 좌우 대칭이 되도록 조형하시오.

5) 제품 사용 시 기포가 생기거나 얼룩지지 않도록 주의하시오.

6) 연장된 프리에지 길이는 중심 기준으로 0.5~1cm 미만이며, 가로 세로 직선의 스퀘어 모양으로 조형하시오.

7) 손톱 표면은 중심(하이포인트)에서 좌우, 상하 사방의 굴곡이 자연스럽게 연결되고, 기포 없이 맑고 투명하게 완성하시오.

8) 인조 손톱은 자연 손톱 전체에 조형되어야 하며, 그 경계선을 매끄럽게 연결하되, 주변의 피부가 손상되거나 출혈되지 않도록 유의하시오.

9) 프리에지 씨-커브는 원형의 20~40% 비율로, 두께는 0.5~1mm 이하로 일정하게 조형하시오.

10) 측면 사이드 스트레이트 선은 자연 손톱에서부터 프리에지까지 연결선이 너무 올라가거나 쳐지지 않도록 하며 직선을 유지하며 만드시오.

11) 스퀘어 모양을 유지하여 2개 손톱 모두 일정하게 완성하시오.

12) 파일로 인한 거친 표면을 샌딩 버퍼로 매끄럽게 정리하시오.

13) 광택용 파일을 사용하여 광택 마무리하시오.

12) 손과 손톱 주변의 먼지 혹은 사용된 오일을 깨끗이 제거하시오.

가) 핑거볼, 네일 더스트 브러시, 멸균거즈, 큐티클 오일을 사용할 수 있습니다.

나) 네일 더스트 브러시는 멸균거즈 등으로 물기를 완전히 제거한 후 사용하시오.

2. 수험자 유의사항

1) 자연 네일 파일링 시 문지르거나 비비지 말고 한 방향으로 파일링하시오.

2) 모델의 손과 손톱에 지저분한 큐티클 및 거스러미, 먼지나 분진이 없도록 항상 깨끗이 정리하시오.

3) 작업시작부터 끝까지 눈을 보호할 수 있도록 하시오.

4) 폴리머 중 화이트폴리머는 반드시 사용하여야 하며, 핑크 및 클리어 폴리머는 선택 가능합니다.

5) 구조를 위한 네일 도구(핀칭 봉, 핀칭 텅, 핀셋)는 작업내용에 맞게 적절히 사용할 수 있습니다.

6) 마무리 작업의 먼지 및 오일 제거 시 핑거볼, 네일 더스트 브러시, 멸균거즈, 큐티클 오일을 사용할 수 있습니다.

7) 큐티클 니퍼, 큐티클 푸셔, 클리퍼, 네일 더스트 브러시, 오렌지 우드스틱(푸셔용)은 알코올 소독 용기에 담가 두어야 합니다.

자격종목	미용사(네일)	과제명	아크릴 프렌치 스컬프쳐	척도	NS

3. 도면

<table>
<tr><td>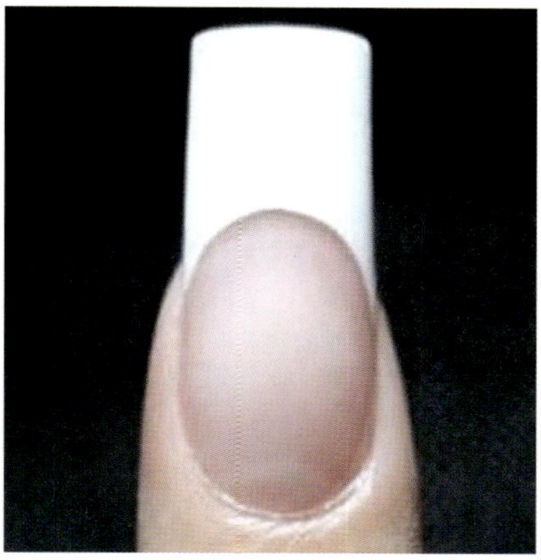</td><td></td></tr>
<tr><td>아크릴 프렌치 스컬프쳐 위에서 본 정면 예시 사진</td><td>아크릴 프렌치 스컬프쳐 측면 예시 사진</td></tr>
<tr><td>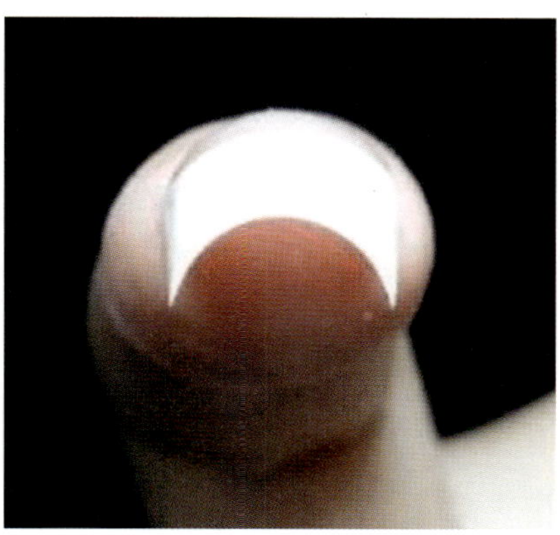</td><td>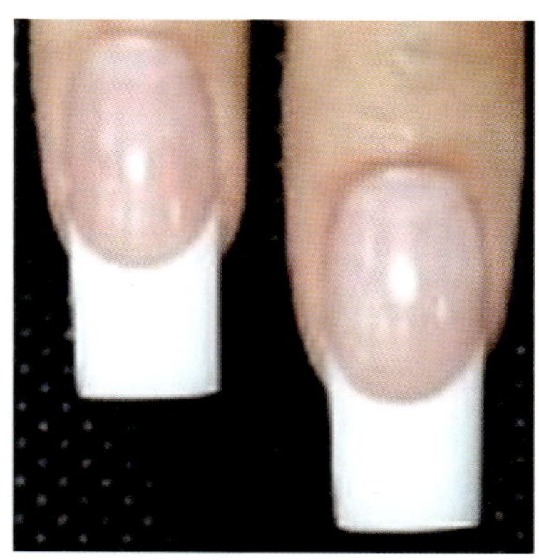</td></tr>
<tr><td>아크릴 프렌치 스컬프쳐 앞면 예시 사진</td><td>아크릴 프렌치 스컬프쳐 전체 예시 사진</td></tr>
</table>

국가기술자격 실기시험문제

자격종목	미용사(네일)	과제명	네일 랩 익스텐션

※ 문제지는 시험종료 후 반드시 반납하시기 바랍니다.

※ 시험시간 : 40분

1. 요구사항(제3과제)

※ 지참 재료 및 도구를 사용하여 아래의 요구사항대로 따라 네일 랩 익스텐션을 완성하시오.

1) 과제를 수행하기 위해 수험자의 손 및 모델의 손과 손톱을 소독하시오.

2) 제1과제 작업 상태의 모델 손톱을 3과제 작업에 적합하도록 전처리하시오.

가) 사전 작업된 오른손 1~5지 손톱의 네일 폴리시를 모두 제거하시오.

나) 모델의 자연 손톱은 1mm 이하의 라운드 또는 오벌(oval) 형태로 준비하시오.

3) 실크 랩, 네일 글루, 젤 글루, 필러파우더를 사용하여 오른손 중지, 약지 2개의 손톱에 도면과 같은 네일 랩 연장을 완성하시오.

4) 연장된 프리에지의 길이는 0.5~1cm 미만으로 모두 일정하게 맞추어 잘라내고, 가로 세로 모두 직선의 스퀘어 모양으로 조형하시오.

5) 글루(네일 글루, 젤 글루 등)는 수험자가 작업 상황에 맞도록 적절히 사용하되, 피부에 닿거나 흐르지 않도록 유의하시오.

6) 실크는 손톱 범위에 따라 알맞게 큐티클 부분을 1mm 정도 남기고 재단 및 부착하여 사용하시오.

7) 필러파우더는 수험자가 작업 상황에 맞도록 적절히 사용하시오.

8) 손톱 표면은 중심(하이포인트)에서 좌우, 상하 사방의 굴곡이 자연스럽게 연결되고, 기포 없이 맑고 투명하게 완성하시오.

9) 인조 손톱은 자연 손톱 전체에 조형되어야 하며, 그 경계선을 매끄럽게 연결하되, 주변의 피부가 손상되거나 출혈되지 않도록 유의하시오.

10) 프리에지 씨-커브는 원형의 20~40% 비율로, 두께는 0.5~1mm 이하로 일정하게 조형하시오.

11) 측면 사이드 스트레이트 선은 자연 손톱에서부터 프리에지까지 연결선이 너무 올라가거나 쳐지지 않도록 하며 직선을 유지하며 만드시오.

12) 스퀘어 모양을 우지하여 2개 손톱 모두 일정하게 완성하시오.

13) 파일로 인한 거친 표면을 샌딩 버퍼로 매끄럽게 정리하시오.

14) 광택용 파일을 사용하여 광택 마무리하시오.

15) 손과 손톱 주변의 먼지 혹은 사용된 오일을 깨끗이 제거하시오.

가) 핑거볼, 네일 더스트 브러시, 멸균거즈, 큐티클 오일을 사용할 수 있습니다.

나) 네일 더스트 브러시는 멸균거즈 등으로 물기를 완전히 제거한 후 사용하시오.

2. 수험자 유의사항

1) 시작 전 실크 랩을 재단하거나 미리 붙이지 않아야 합니다.

2) 자연 네일 파일링 시 문지르거나 비비지 말고 한 방향으로 파일링하시오.

3) 모델의 손과 손톱에 지저분한 큐티클 및 거스러미, 먼지나 분진이 없도록 항상 깨끗이 정리하시오.

4) 작업시작부터 끝까지 눈을 보호할 수 있도록 하시오.

5) 구조를 위한 네일 도구(핀칭 봉, 핀칭 텅, 핀셋)는 작업내용에 맞게 적절히 사용할 수 있습니다.

6) 마무리 작업의 먼지 및 오일 제거시 핑거볼, 네일 더스트 브러시, 멸균거즈, 큐티클 오일을 사용할 수 있습니다.

7) 큐티클 니퍼, 큐티클 푸셔, 클리퍼, 네일 더스트 브러시, 오렌지 우드스틱(푸셔용)은 알코올 소독 용기에 담가 두어야 합니다.

자격종목	미용사(네일)	과제명	네일 랩 익스텐션	척도	NS

3. 도면

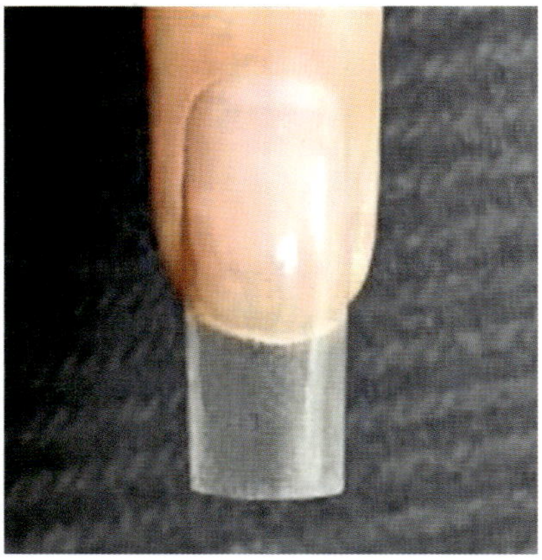

네일 랩 익스텐션 정면 예시 사진

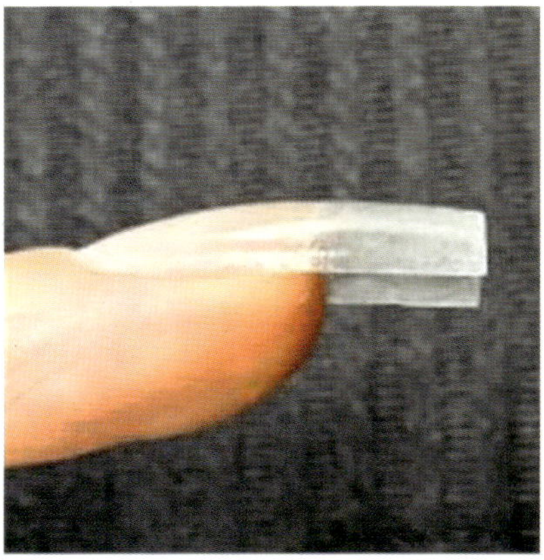

네일 랩 익스텐션 측면 예시 사진

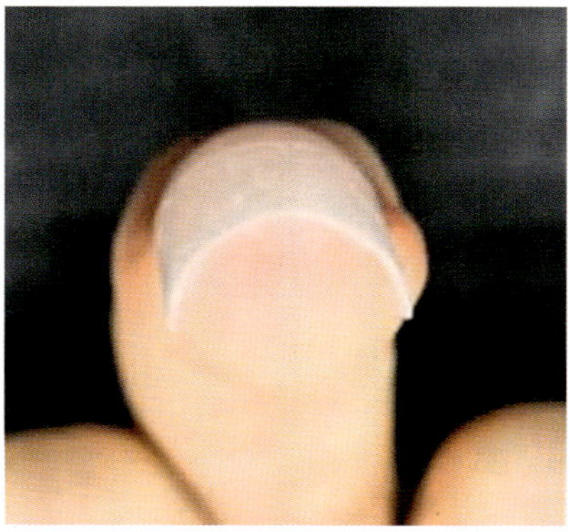

네일 랩 익스텐션 앞면 예시 사진

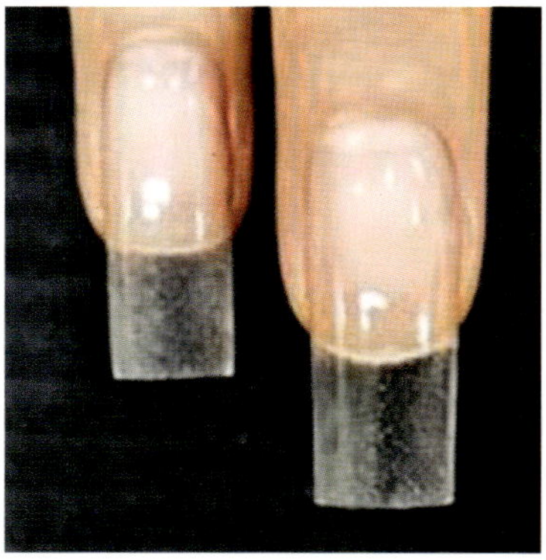

네일 랩 익스텐션 전체 완성 사진

국가기술자격 실기시험문제

자격종목	미용사(네일)	과제명	인조 네일 제거

※ 문제지는 시험종료 후 반드시 반납하시기 바랍니다.

※ 시험시간 : 15분

1. 요구사항

※ 지참 재료 및 도구를 사용하여 아래의 요구사항에 따라 인조 네일을 제거하시오.

1) 과제를 수행하기 위해 수험자의 손 및 모델의 손과 손톱을 소독하시오.

2) 전 과제에 조형된 인조 손톱 중 중지의 손톱을 제거하시오.

3) 자연 손톱의 경계선을 파악한 뒤 연장된 프리에지를 안전하게 잘라내시오.

4) 자연 손톱과 주변에 상처가 나지 않도록 유의하여 인조 손톱의 표면 두께를 적당히 갈아내시오.

5) 아세톤을 적신 솜을 올리고 호일로 감싸듯 마감하시오(단, 피부의 보습을 위하여 큐티클 오일을 사용하여야 하며, 젤의 종류에 따라 쏙 오프 과정을 생략할 수 있습니다.).

6) 일정한 시간이 흐른 후 녹은 부분을 적절히 제거하시오(단, 젤의 종류에 따라 쏙 오프 시 호일마감 과정을 생략할 수 있습니다).

7) 손톱 위 잔여물을 깨끗이 제거하시오.

8) 자연 손톱의 쉐입을 라운드 또는 오벌(oval)로 완성 후 표면을 매끄럽게 정리하시오.

9) 마무리로 손과 손톱 주변의 먼지를 깨끗이 제거하시오.

   가) 핑거볼, 네일 더스트 브러시, 멸균거즈, 큐티클 오일을 사용할 수 있습니다.

   나) 네일 더스트 브러시는 멸균거즈 등으로 물기를 완전히 제거한 후 사용하시오.

2. 수험자 유의사항

1) 인조 손톱의 두께를 파일링으로 제거할 시 자연 손톱과 주변에 상처가 나지 않도록 유의하시오.

2) 자연 네일 파일링 시 문지르거나 비비지 말고 한 방향으로 파일링하시오.

3) 모델의 손과 손톱에 지저분한 큐티클 및 거스러미, 먼지나 분진이 없도록 항상 깨끗이 정리하시오.

4) 필요시 요구사항의 4번과 5번의 작업을 반복할 수 있으며, 우드스틱, 메탈 푸셔, 파일은 선택하여 중복 사용할 수 있습니다.

5) 제거 작업 시 광택용 파일 및 전동 파일 기기(전기 드릴 기기)는 사용할 수 없습니다.

6) 마무리 작업 시 핑거볼, 네일 멸균거즈, 큐티클 오일을 사용할 수 있습니다.

7) 큐티클 니퍼, 큐티클 푸셔, 클리퍼, 네일 더스트 브러시, 오렌지 우드스틱(푸셔용)은 알코올 소독 용기에 담가 두어야 합니다.

참고 문헌

단행본

김경옥 외(2013). The Nail Art. 예림.

김기연 외(2020). 공중보건학. 현문사.

민방경 외(2016). 전공자를 위한 네일 미용. 가담플러스.

박은주(2014). 네일미용. 정담미디어.

이미춘 외(2016). NCS기반 네일 미용학. 광문각.

이영순 외(2010). 네일관리학. 고문사.

윤오선 외(2014). 네일 기초. 진샘미디어.

조슬아 외(2013). 네일아트 美학. 구민사.

최은미 외(2017). 기초 네일 케어. 메디시언

학회지

고정민(2013). 네일 기술의 중요성과 경향 분석. 대한피부미용학회.

고정민(2014). 네일 미용사의 네일 질환에 대한 연구 및 관리. 대한피부미용학회.

웹 사이트

http://nailbarbie.com

http://nail.wolletlove.com

http://www.sonyclassics.com

http://blog.naver.com/arte

http://blog.naver.com/PostView

http://blog.naver.com/major

http://blog.naver.com/skinae1010

http://blog.naver.com/yj3day